Orange Travel

Orange Travel

致想成為旅遊作家的你

從企劃、寫作、攝影、採訪、出版，韓國知名旅遊作家傳授必修5堂課

蔡知亨、朴東植、柳禎烈——著
劉小妮——譯

作者序

如何成為旅遊作家呢？

旅遊作家就是把自己的旅行記錄下來的人，只是每個人的記錄方式不同。即使是去同一個地方旅行，也會產生許多不同的故事，每個人寫出的文章類型也不同，所以或許這個世界上根本不存在完全相同的旅行。

十年前當我拿出印著旅遊作家的名片時，總是被反問「也有這種職業哦？」不過，時代真的改變了。最近，我幾乎都是聽到「好棒的工作喔！」的回應，也有很多人問我怎麼做才可以把旅遊當工作呢？自己喜歡的旅行可以成為一種職業，那種羨慕和疑問都是理所當然的。

只是，不論哪種事情作為興趣跟作為職業都有很大的不同。當浪漫變成現實的時候，一定有很多要忍受及改變的事，不管再怎麼喜歡旅行，但要把旅行這件事轉換成文字跟照片就是另外一門學問了。

當一群立志成為旅遊作家的人一起來上課時，很驚訝的是大家的年齡層分布非常廣，我原本想像來的人是以大學生或是二十～三十歲的年輕人為主，對旅遊作家工作內容的關心程度，真的是不論男女老少都非常熱衷。想把自己的旅行整理出書的人也比我想像得多。

這也是這本書出版的原因，不只是要幫大家解開對旅遊作家這個工作的各種疑問，同時也覺得需要一本具體說明且讓人易懂的書，來介紹要成為旅遊作家需要具備的文字和拍照作業。

希望這本書可以變成夢想成為旅遊作家的人的翅膀，借助這本書讓所有人都可以朝向自己所憧憬的世界飛去，一起體驗我們感受到的快樂、幸福、滿足。

今天也是在快樂旅行的旅遊作家

蔡知亨　朴東植　柳楨烈

目錄

Part 3 旅行作家的拍照作業（柳禎烈）

Part 5 出版受歡迎的書（蔡知亨）

Part 1

夢想成為旅遊作家

如果旅行可以當成職業的話，
那該有多棒？成為旅遊作家後，
就可以一邊旅行一邊工作。
旅遊作家到底要做哪些工作呢？
我要怎樣才能成為旅遊作家呢？
透過夢想當旅遊作家這一章節，
讓我們解開所有對旅遊作家的疑問吧！

蔡知亨

所謂的旅遊作家是？

旅遊作家是把旅行中經歷的故事用文字和照片來表達，並可以感動人心的人。

跟小說家或詩人不同的是，旅遊作家的題材是非常多樣的。從介紹旅遊地點基本資訊的新聞記者到感動人心的散文作家，或是拍攝一般景點介紹的照片到可以感動大家的美麗景像照片。旅遊作家涵蓋了各式各樣的工作領域技能。

不管是採用哪種題材來表達，旅遊作家跟一般觀光旅行的人最大的差異，就在於用特定的主題留下記錄。旅遊作家透過記錄整理自己的旅行，透過整理好的旅行內容跟所有讀者分享。透過記錄和整理，旅遊作家希望自己的旅行可以成為其他人旅行和人生中的助力。那麼，旅遊作家具體是做哪些事情呢？讓我們一一來介紹旅遊作家的工作內容吧！

1 出版旅遊書

被稱為旅遊作家的話，大多數自己都有寫過旅遊書。因此，提到旅遊作家的話，當然最先想到的就是這些作者。因為我們會認識旅遊作家這個職業，也是來自於旅遊書。

寫旅遊書就是進入旅遊作家世界的出發點。因此，第一本旅遊書是非常重要的。先不看書能多暢銷，光是把自己的旅行整理成一本好幾萬字的書，就是一個大工程了。把旅行中所感受到的感覺化成文字，讓其他人也能感同身受，把文字寫得生動有趣的說故事技巧也是要磨練的。

2 報章雜誌專欄

出書後，旅遊作家合作的對象大多是報紙、雜誌、企業刊物等。有時候是連載某個特定的主題，有時候是根據不同主題來撰稿。

當特定主題的內容在連載結束之後，還可以編成一本書。出書了，也在報紙或雜誌上撰寫遊記的話，就會有了某種程度的知名度。

3 電視、電台通告

電視和電台也是旅遊作家曝光的管道。不只是寫作而已，旅遊作家也會走向大眾，分享旅行的故事。

近年來，有線電視台變多了，旅遊作家曝光的管道也隨之變得寬廣，再加上大眾越來越關心旅遊休閒議題，媒體自然也增加這類主題的報導，為了更專業地介紹，就需要更多經驗豐富的旅遊作家。電台一周一次十～三十分鐘左右，介紹值得去的旅行地點的節目就有很多，分享旅行中遇到的趣事的電視節目也愈來愈多了。

4 旅遊相關課程

直到二〇一〇年初，大部分旅遊講座都還只是旅遊書出版之後，為促銷書籍而舉辦的活動。但從二〇一〇年下半年開始，旅遊講座不再只是為了促銷書籍，為了滿足大眾對旅行的好奇心而辦的講座開始增加。因此，擔任講師也成為旅遊作家的主要工作內容之一。

旅遊相關講座課程變多後，對象和內容也開始多樣化。例如以青少年為對象，介紹「聰明旅行」的課程，也分享各地區旅行資訊，正確旅行的方法，或透過旅行發現新事物等，都是更有趣也更有深度地傳達旅行的方法。加上想當旅遊作家的人慢慢變多，於是，寫旅遊文章的方法、拍攝旅行照片的技術、旅行趨勢等專業課程也跟著開設。

5 導遊

越來越多人追求深度旅行，因此旅遊作家也直接當起導遊，不只單純介紹景點資訊，而以自己去各國旅行經驗作為基礎融入介紹，使之更生動活潑，所以作家直接當導遊的行程有逐漸增多的趨勢。此外，旅遊作家也會參加特定企畫，如：地方政府開發觀光的諮詢，或協助地方觀光撰寫旅遊文章分享給大眾，或是辦攝影展等。旅遊作家的職業重心當然是寫作和拍照，但工作範圍越來越廣泛。跟其他藝術領域合作，打造出新的商業模式，或把旅遊文字昇華成小說或詩，開拓各種新領域。喜歡旅行的人，是個性具有挑戰新事物勇氣的人，可以在日新月異的市場上勇往直前，持續挑戰新領域，並創造新模式。

沒有比「旅遊作家」更好的職業了

自由自在地到世界各地旅行，遇見各種人，並用文字記錄下就是旅遊作家。既可以一邊旅行又可以一邊賺錢，不論是誰都會覺得再也沒有比這更好的職業了。

到冰島看極光、尼泊爾爬喜馬拉雅山、非洲沙漠挑戰跳傘、在印度的瑜珈聖城 Rishikesh 上瑜珈課、到泰國清邁上料理課、拜訪法國米其林星級餐廳…等，最後將這些體驗以文字和照片表達出來，寫出一個讓讀者看得津津有味的故事，這就是旅遊作家。可以去全新的地方，比任何人都先體驗到新事物，這件事本身就充滿魅力。

不過，旅遊作家的人生，真得如此精彩嗎？我們把旅遊作家這工作的優、缺點一一列出來。

優點1 盡情旅行也能賺錢

對於喜歡旅行的人來說，一邊旅行一邊寫作，同時藉此賺錢，就是最棒的職業了。許多上班族將真正想做的事情壓抑在心裡，用時間交換金錢，過著乏味的日子。而旅遊作家卻可以將自己喜歡的旅行當作職業，真的非常另人嫉妒。

優點2 可以作為第二份職業

旅遊作家也可以同時兼做其他工作，例如：在出版社工作，或跟旅行社合作當導遊，也可以成為旅遊講座的講師。也有些人是在跟旅行毫無關係的公司上班。跟專職作家相比，兼職作家可以用於旅行的時間絕對少很多，但時間拉長的話，還是可以寫出旅遊書。我在當專職作家之前，有長達十八年的時間，都在新聞媒體和IT公司一邊上班一邊旅行寫作。

優點3 從人們身上學到人生的智慧

旅遊作家的好處之一是可以遇到許許多多的人。因為旅遊作家的職業特色就是要不斷地面對各種人，遇見一個人就如同遇到一個世界一樣，看到這個世界上無數個人生，也可以聽到許多有深度的人生故事。在路上可能會遇到未來的超級名模，在貧瘠的地方偶然也會接受到人性的溫暖。越是看到各式各樣的人，就會

旅遊作家的優缺點

優點	缺點
1. 盡情旅行也能賺錢	1. 收入不固定
2. 可以作為第二份職業	2. 投資費用比稿費高
3. 從人們身上學到人生的智慧	3. 全能超人的壓力
4. 自然地變得謙遜	
5. 嘗試各種不同領域	

思考自己想要成為哪種人，進而產生屬於自己的價值觀，可以讓自己重新思考反省自己，就是旅行給予的最大禮物。

優點4 自然地變得謙遜

第四個優點就是會變得謙遜。旅遊作家是很難變成天地之間，唯我獨尊的職業。因為工作過程中會受到很多大自然和人為因素影響，不論是想拍多美的人物，突然下起大雨就是無法拍，已經安排好要去採訪的小島，但突然刮起大風的話，船就無法出航，也只好延後行程。對於數億年來一直守護地球的大自然不得不心生畏懼，每當有採訪的時候，我總是抱著祈禱的心去旅行。每當在世界各地遇到人生閱歷極為豐富的人時，我總是不由自主地敬佩。

優點5 嘗試各種不同領域

旅遊作家這個職業的工作內容是無界限的。旅遊作家透過文字和照片把旅行記錄下來，透過這個記錄可以出書，也可以辦展覽，還可以上電視。也就是說一個故事可以發展成許多枝葉，不論是誰，都可以把自己的工作全新包裝。突破旅遊作家就只能寫作和拍照的侷限，可以挑戰全新領域也是旅遊作家這個職業的魅力之一。

缺點1 收入不固定

有好的就一定也會有不好的。旅遊作家這個職業也有不少辛苦的地方，最具代表的就是經濟部分，好像大部分自由業都收入不固定。如果跟雜誌簽署連載一年的稿件合約，或是跟電視台簽固定錄影通告合約，或許還可以預估基本收入。但大部分主要的收入都不是這樣的，不論是多是少，必須可以預測多少收入才能夠去做財務規劃，但是旅遊作家的收入卻是無法預測的。

缺點2 投資費用比稿費高

投資費用太高也是旅遊作家要抱怨的缺點。例如，被邀稿寫一篇「某電影場景」的旅遊文章，為了這篇稿件必須到外地取材，往返的交通費、住宿費等算一算，即使精打細算去採訪，至少需要二～三千元台幣，但是稿費是不會包含這些費用的，如果只收到的五～六千元台幣的稿費，那投資費用就超過了五〇%。

海外取材的投資費用更是昂貴，有時候也會得到贊助費用。不過這種情況通常都要在稿件中幫贊助廠商宣傳。純粹是介紹我個人所喜歡的旅行，沒有商業置入，而且文章完整地收錄，也能拿到全部取材費的情況幾乎是沒有的。

缺點3 全能超人般的壓力

必須變成全方位超人這一點也是旅遊作家這個職業不容易的地方。經常去旅行，當地的歷史文化是一定要懂的，除此之外還要很會寫作，照片也必須拍得很有特色，這些還都只是基本要求，講課的時候還必須有幽默感；上電視的時候則是要兼具臨場反應；帶領旅行團的時候，還必須具有領袖風範，如果只是出書就可以的話，那當然不會有太大的壓力。但為了生活，必須去挑戰各種類型的工作，就不可避免會碰到完全意想不到的挫折。

優點和缺點，大家認為哪個比較多呢？

即使有收入不穩定這個致命性的缺點，旅遊作家的職業滿意度還是非常高的。韓國旅遊作家協會以協會作家為對象進行的問卷調查結果是，九〇%以上的旅遊作家回答對自己的職業感到滿意。因為這個職業可以為其他人帶來幸福和快樂，自己也可以在陌生國度和文化中體驗到旅行的愉悅。雖然經濟能力也很重要，但是更重要的是知道自己是在做自己喜歡的事情。

把旅遊作家當作職業，可行嗎？

「一年有賺一百萬嗎？」

這是個跟旅行無關的聚會，大家講到各自職業的時候，聽到我是旅遊作家後，就不知是哪位問了這個問題，不得不回答一下：「賺到的錢還可以去旅行啦。」雖然覺得問題問得有點失禮，但是想到大家應該很好奇旅遊作家是靠什麼作為收入，而收入又有多少，我就只能笑笑地回答了。

換個立場想，如果在路上對上班族問「你年薪多少？」那個人是新進員工還是已經工作十年以上的資深員工，根據公司的規模狀況等，得到的答案都會不一樣，即使是相同年齡在相同公司上班，年薪也有可能差距很大。

更何況是旅遊作家！旅遊作家的收入也是每個人都不同，已經穩定地從事旅遊作家工作的話，一天二十四小時辛苦工作，其答案可能是「跟大企業的經理級以上的收入差不多。」不過，如果是沒有固定的工作，為了明天還在努力旅行的新人作家呢？可能他的答案是「正好可以邊吃拉麵邊旅行。」

旅遊作家的收入也是天差地遠的，工作量的多寡，工作的範圍是包含哪些？這些都會影響收入。不只是人不同而已，問的時期不同答案也會不同，某個月收入可能幾乎為零，但某個月可能荷包滿滿。

如果把問題稍微改一下：「旅遊作家的收入來源有哪些？那些收入可以賺多少錢呢？」如果是問這個問題的話，那可以講的內容就很多了。首先，旅遊作家的主要收入來源是什麼呢？沒有出過書的人，可能會先想到版稅，如果我說從一九九四年開始，有我的名字的書超過了十本的話，大家一定會睜大眼睛說：「那你就是有錢人了耶！」但是，如果只靠版稅是無法過日子的，在市場廣大的日本、中國、歐洲等國家，旅遊書的作家或許有可能版稅是主要收入來源，但是幾乎沒有只靠版稅過日子的旅遊作家。

出本書會有多少版稅？

版稅在旅遊作家的收入來源中佔據很小的部分，書的版稅，知名度高的作家差不多是十％以上，書的定價是三百元的話，賣出一本的時候，作家可以收到三十元。書的首刷約三千本，那這樣的話，出一本書作家就可以收到九萬台幣。但是讓我們簡單來想一想，為了出一本書，投資的旅行費用就可能已經超過九萬元了，如果是新人作家的版稅只有六～七％來看，版稅則更少了。

當然書賣得很好的話，就可以得到更多版稅，但是搭捷運的時候，大家就會馬上知道書很難賣得好，所有的人都盯著手機看，即使不用看書，還是可以在手機上看到很多資訊，旅行的資訊也可以透過臉書上的照片或部落格的貼文來獲得，透過旅遊書來規劃旅行的人，跟過去比起來，真的少了非常多。

雖然書不是主要收入來源，但是並不是說出旅遊書就不重要，作為旅遊作家，其第一步一定要出書是非常確定的。只是，最好不要期待出書後就得到一大筆收入，書可以整頓我們心靈，而且，如果書意外地受歡迎的話，反而比拿到大筆收入還開心。

主要收入來源是稿費

旅遊作家收入來源中最大部分就是稿費了，稿費的種類也有好幾種：只有文字和只有照片，或是照片跟文字一起；還有新聞報紙的專欄到月刊雜誌的特別報導；企業或公家機關的社內刊物和網路文章。在這其中，跟企業或公家機關簽署一年的合約，持續在社內刊物連載是許多旅遊作家主要收入之一。每年十二月，需要稿件的單位都會找尋更好的作家合作，這也是作家們找尋新的連載機會。

不同媒體和不同主題的連載，其稿費也是各不相同。一般來說，紙本雜誌的話，一頁有文字跟照片的稿費約三～五千元左右，比較珍貴的文字和照片，一頁的稿費就可能更高，當然如果是常見的主題，其稿費就可能更低。

有一點非常遺憾的是，每年的整體稿費都在下降，因為每年的旅遊作家都在增加，比起需求，市場的供給太多了，這也是紙本媒體會倒閉的原因之一。旅遊作家跟過去相比，工作還境更加艱辛是大家都感受得到的。

電視通告&旅行講座講師

旅遊作家持續的收入來源之一是電台和電視。大部分廣播頻道都有跟旅行相關的節目，所以市場需求還不算少，但是電台收入只能算持續收入，卻無法成為主要收入的原因在於跟投資的時間相比，通告費太低了。以電台來看，大部分上一次電台節目的通告費不到三千元，而且如果要定期上某個電台節目的話，每週固定時間都一定要出現，這樣就很難安排長期旅遊的行程。

因此，比起通告收入這部份，旅遊作家更期待的是透過整理自己旅行的內容，可以直接跟聽眾或觀眾彼此交換意見等更為重視。

旅遊作家的工作中正在慢慢變多的領域就是旅遊課程講師。越來越多企業為了員工的福利，舉辦跟旅行有關的課程，學校、圖書館、百貨公司等也有開設旅行相關的課程。

旅行課程的主題是非常多樣化的，當接近放假時期，就會有以「有效地享受休假的方法」或「今年夏天值得一去的小島旅行」等等為主題的課程，也會介紹「享受有趣旅行的旅行技巧」、「春天的花之旅」、「享受露營一〇〇處」、「健行的好去處」等。來上課的人跟過去相比也更多元了，過去主要是以大學生或三十幾歲的年輕上班族為主，最近從國小生到七十歲的老人家也來聽演講，可見學生的範圍擴大了許多。

發現新收入來源的樂趣

我曾看過標題是「跟某某作家一起去旅行」的旅行商品。旅遊作家不只是寫字而已，有時候也會當導遊，不論是國內還是國外，以某個地區的 Know How 為基本，跟旅遊作家一起去旅行的行程越來越多了。百貨公司舉辦的跟旅遊作家一日遊的旅行商品就非常受歡迎，跟旅遊作家一起旅行的商品持續開發，等市場成熟之後，旅行導遊也會成為旅遊作家穩定收入來源之一。

就跟前面所提的，旅遊作家是很難找到主要收入來源的職業，但也是可以自己找出新收入來源的工作，因此，只要是努力工作的旅遊作家，我可以很肯定地說是不用擔心吃不飽的問題。

想要成為旅遊作家，一定要記住的五件事

旅遊作家一定要具備的能力是什麼呢？很會寫作和很會拍照嗎？這兩項雖然是作為優秀的旅遊作家所需要的能力，不過只要持續努力就沒有問題。在這裡介紹對於旅遊作家來說，比寫作和拍照更重要的五個能力：

1 體力

這是為了上某個電視節目，我跟負責的企劃第一次見面的事情。

「如果去拍外景的話，有可能一整天需要走上十幾個小時，你可以嗎？路況不好的時候，越野車會搖搖晃晃地，你能接受嗎？也許會有好幾天吃得很不方便，你可以接受嗎？」表達上或許

有點不同，但簡單一句話就是「你身體夠健康嗎？」也就是必須可以挺過幾周在偏遠地區的艱辛拍攝行程。

旅行中，健康是必要條件。更何況是要把旅行當成職業的旅遊作家來說，健康更是重要。如果身體不健康的話，根本不可能工作，旅遊作家並不是用想像力在寫作的人，而是用腳寫出文字的人。就像對聲樂家來說，喉嚨就是重要的樂器，對於旅遊作家來說，身體就是必要的武器。去景點取材的時候，有時候是短時間之內必須去很多地方，有時候則是好幾天動彈不得。如果又是負責帶團的時候，還要比任何人早起，但又比任何人還要晚睡。因此，越是經驗豐富的旅遊作家，越是異口同聲地說，對旅遊作家來說，最重要的能力其實是「體力」。

2 好奇心

世界級雜誌也是電視頻道的國家地理雜誌 National Geographic 在二〇一〇年選出的最受全球矚目的廣告。一百六十六個國家用三十四種語言傳達的全球廣告標題是「Live Curious」。**我們不論住在哪裡，使用哪種語言，具備好奇心這件事情就是表示我們還活著的。**

好奇心讓我們用不一樣的視野去看世界，也讓我們更了解世界。住在不丹的人們是吃什麼食物？像喜馬拉雅那樣的高山上可以種出哪種穀物？國王會給零用錢的艾萊人們會有哪些苦惱？這些大家都不想知道嗎？如果你對上述問題也想得知答案的話，那就表示你對那些國家產生了好奇心，也就是說你具備了第二個能力。

一定要有好奇心，才能看到其他人看不到的事物，也才可以把那些內容化成文字。去新的地方取材時固然需要好奇心，但是反覆去類似的景點或寫類似的題材時，好奇心就更加重要了，如果因為已經很了解這個地方，所以感到無趣，那麼就寫不出可以吸引人前往旅遊的文字。

如果心中一直持有問號的話，那自然就會想要學習。第一次去的國家，遇到沒聽過也沒看過的文化後，一定要用充滿好奇心的眼睛先去學習那些文化。

而且好奇心可以讓我們渡過難關，也可以讓我們獲得能量。在猶豫不決的時候，幫助我們越過那道高牆的就是好奇心。因此，可以說好奇心跟健康一樣都是想當旅遊作家一定要具備的能力。

3 勤奮

說到旅遊作家，可能大家會想像他們是在風景優美的場所，邊喝著香氣迷人的咖啡，邊拍照或優雅寫作的工作，真的是這樣嗎？現實和想像之間是存在著相當大的差距。

旅遊作家並不是在早上九點才開始工作，如果到看日出的景點時，必須早上非常早起床去拍太陽升起的畫面。天氣很好的夏天則是早上四點半就必須起床，吃飯的時候也要思考怎樣才能拍出「美味的照片」，大多數時候等拍好照片，飯菜也都涼了。一整天揹著跟一個嬰兒差不多重量的相機走來走去，為了在規定時間內找出文字和照片靈感而奔走忙碌。到了晚上，工作還沒有結束，如果是去大城市取材，就要放入霓虹燈閃耀的都市夜景，如果是去鄉下的話，則要拍下在黑夜中天空掛滿星星的照片。

而且並不是就這樣結束了，回來飯店後，必須整理當天的照片並記錄感想。睡之前也要確定一下隔天的行程和要使用的相機、電池、記憶卡等，從清晨到半夜，旅遊作家在取材期間一定要跟牛一樣勤奮地奔走和整理，如果不那樣地話，辛苦取材得來的內容可能就會遺忘。

4 積極性

你走在路上看到一朵盛開的美麗花朵，請問你是A和B中哪一個類型？

A：「那花是什麼？就是野花的一種吧？」

B：「第一次看到這種花耶，找一下周圍有沒有當地人問看看這是什麼花？」

可以成為旅遊作家的當然就是B類型的人，如果有想知道的事，就一定要積極地去詢問，只要你提出疑問，那就可以發現新奇的事物。一個問題得到的回覆可能是兩個以上，就像上面這個例子，從這朵花開始，周圍的其他許多花，以及花的特徵都會一一了解。

積極性不只是在取材的時候需要，在找工作的時候也需要，如果只是單純地寫字，是不會有任何工作找上門的。想要刊登跟旅行相關文章的話，那就要積極地把自己的文字和照片跟其他作家做比較後，把自己好的部分整理出來寄給媒體，有一位三十歲出頭才開始當旅遊作家的M作家就非常活躍，一個月可以寫出二十幾篇旅行遊記，這就是勤奮且積極地跟媒體或報章雜誌推薦自己得來的。

5 樂觀

除了積極性之外，還更需要樂觀的性格。因為工作的特質受天氣影響非常大。期待可以有個大晴天，但是眼前卻瀰漫著伸手不見五指的濃霧，或是突然下起大雨，這個時候需要的就是樂觀，即使天不從人願，也不要灰心喪氣，反而需要盡最大的努力去面對所有困難。

還有，為了出書把企劃案寄給出版社之後，大多數是即使我們廢寢忘食地等待，但還是毫無音訊。這時絕對不能灰心，要樂觀並接受，然後重新檢討自己是不是有哪裡準備得不夠好，我們需要具備這種正面的想法，不只是第一次出書的人會遇到這種事情，即使出了好幾本書的作家也是如此，反覆被拒絕好幾次之後，就會變得沒有自信也是人之常情。世界級暢銷書《哈利波特》系列的作家J・K・羅琳也說過，自己被出版社拒絕了無數次，如果感到灰心並放棄地話，那就再也沒有機會了。

旅遊作家需要的「方向」

當花費一切力氣出版生平第一本書之後，感覺非常有成就感，好像完成一件了不起的大事，不過，這種感覺並不會太久。出書對於旅遊作家來說雖然是很重要的事情，但出了書工作也不會自動找上門，這時候，請把愉悅的心情先放下，必須綁好鞋帶往下一階段走去。

如果不想出了本書就結束，而是要以旅遊作家的身份得到更多工作的話，只有「努力」是不夠的。你還需要具備個人特色，不是誰都可以做得到的事情，而是找出「只有我才做得到的事」，並好好磨練後展現給大家看。即使如此，要找出自己個人特色並不簡單，有時候是偶然發現，有時候是透過努力培養出來的，只是大多數的情況都是需要花上好幾年的時間。

強化專業領域

二十年前媒體還沒有很發達時，旅遊記者在春天時，就寫賞花景點；夏天的時候，就介紹適合避暑的海邊；秋天的時候，就寫賞楓景點；冬天的時候，就報導雪景漂亮的地方。在當時，可以這樣寫就已經很厲害了，為了找尋景點的資訊和照片，大眾常常閱讀旅遊相關文章。但是，不只是電台，還有各種電視頻道，每天每小時都更新訊息的網路新聞，再加上作為個人媒體的無數旅遊部落格，如今可以找到旅行資訊的媒介越來越多。

在這樣的環境下，旅遊作家能生存下來的方法就是專業性。只要一聽到那個作家的名字，就馬上可以聯想到某個特定的領域。像這樣的專業性並不是在學校裡老師教的，而是在寫文章的過程中發現屬於自己的方向後，專注在那個領域努力而具備的專業性。

徒步旅行的金南禧作家以「女生一個人徒步旅行」為主題出版了很多書，成為徒步旅行的代表者。旅遊作家有自己的專業領域具有很大的意義，當有特定領域的企劃要出版時，一定會優先想到該領域有名的作家，如果擁有自身的獨特性，也可以更快地佔據主要位置。

兼職做也是個方法

「我想當旅遊作家，可是如果辭掉現在的工作的話，經濟上就會有困難，真的很苦惱。」

這是想當旅遊作家的人最常提出的問題之一，一定要把工作辭掉嗎？還是可以一邊工作一邊摸索旅遊作家這條路呢？

旅遊作家的職業特色，跟其他工作同時做真的不容易，但是從現在線上的作家們來看，很容易就找到同時還在做其他工作的旅遊作家們。同時從事其他的職業，在經濟上可以擁有安全感，同時也比全職作家較容易發現現實需求這個優點。『旅行，陷入咖啡中』的柳東奎作家，也是一邊經營旅行社一邊當旅遊作家。

同時做其他工作最大的困擾就是時間不夠用，需要休息放鬆的週末，大部分時間都必須用在旅遊作家的工作上，在忙碌的日常生活中去旅行，還要寫作有時真的會覺得很累，因此一定要努力擠出時間來充實自己。在自己的專業領域上努力耕耘並站穩腳步，邊上班邊進行旅遊作家的工作都有各自的優缺點，**自己要走哪一條路不是由其他人來告訴你，而是認真傾聽自己內心的聲音。**

1.2.3.旅遊講座活動照片

是如何進入這一行的呢？

「想當旅遊作家的話，要選擇哪個科系呢？」

越來越多人對旅遊作家這行業感興趣，學生們也就常常問這個問題。想當醫生的話，就要考醫學院；想當老師的話，就是去考教師資格檢定考試。但是，想當旅遊作家好像不是這樣，因為既沒有旅遊作家的公職考試，也不需要任何資格檢定，也不像小說家或詩人那樣要得什麼文學獎或登上某個刊物的慣例，也沒有一定要讀的專業學科。

那麼，要怎樣成為旅遊作家呢？幸運的是有很多條路可以走。最具代表性的方法就是出旅遊書，在旅遊雜誌或新聞媒體寫旅遊文章後，獨立成為自由業的例子也不少。也有經營部落格累積一定人氣後，出版社主動來聯絡的也是個方法，那我們知道的那些旅遊作家又是怎樣進入這一行的呢？

從部落格開始吧！

十年前的話，寫部落格就可以成為作家是一件無法想像的事情，部落格開始作為個人媒體平台受到矚

1.旅遊作家講座課程 2.以「旅遊作家」當導遊的旅遊行程

目是在二〇〇〇年之後。二〇一〇年左右，部落格上發表的遊記和旅遊資訊開始被整理成一兩本書來出版，部落格上具有特色的文字和照片為部落客們帶來全新的機會。最近，出版社企畫要找新的作家時，也會先上部落格尋找。

透過部落格成為旅遊作家這個方法的優點是任何人都馬上可以去做，只要有想說的故事或內容，現在馬上打開電腦就可以放上文字跟照片，也就踏出了第一步。接下來需要的就是持之以恆，一定要定期且持續地更新文字和照片，除了固定的發文量之外，也需要可以展現具有個人風格的內容創意。即使再認真上傳內容，如果沒有特色的話，是很難被出版社企劃看到的，因為如果只是一般平凡無奇的內容，就無法引起他人的興趣。

部落格這個媒介的優點是可以展現出多樣性，隨意逛一下部落格就可以看到有購物達人，也有美食專家。只要有人對某個類別感興趣，那一定在某處有跟自己興趣相投的人，出版社的企劃若想發掘新的市場，就可以觀察這些部落格，就算是再特別再小的類別也有可能出書。

1 寫出自己心中想到的「我想寫出這樣的旅遊書」的三本書名，並把每本書的特色也寫出來。

a.

b.

c.

2 假設自己要辦一個跟旅遊相關的講座，想一下哪個主題是你可以發揮的，至少寫三個。

a.

b.

c.

3 寫出三個自己有興趣的類別。例如：在地節慶或傳統食物、世界文化遺產等，寫得越具體越好。

a.

b.

c.

Part 2

旅遊作家的文字力量

人們總是對沒去過的地方感到好奇，所以才會出發前往，
在那些人當中，有的人旅行後會把回憶記錄下來，
有人會把這些記錄當成旅行前的參考書來看，
或是當成一篇文章來欣賞。
文字跟言語不同，文字可以超越時空被長久保存，
我的旅行也用文字保留下來，
希望能為其他人帶來正面的影響，
寫作就是如此有意義的珍貴職業。

朴東植

旅行和文字

將旅行的經驗轉化成文字是一件很幸福的事情，文字比語言更強大，也可以流傳更久。不過，如果我們保存下來的文字沒有人讀，那就沒有意義了。我們為什麼要寫作呢？對於旅遊作家來說，到底寫作的意義是什麼呢？讓我們就從這個問題開始談談寫作這件事情吧。

對旅遊作家而言，文字代表什麼？

為什麼要寫作呢？

「你的夢想是什麼？」萬一有人這樣問你，你會怎麼回答呢？有些人不用思考馬上就可以回答，有些人則需要一些時間思考，而有些人完全不清楚自己的夢想是什麼，只是上述這個問題也沒有問得很好，因為問題問得不夠明確。結婚可以是夢想，重新找回健康也是個夢想，買一間屬於自己的房子也是夢想。如果問題更明確一點的話，可以這樣問「你夢想從事哪種職業？」或者「你做什麼事的時候，感到最幸福呢？」在美國有二萬一千多種職業類別，日本有三萬六千多種，英國更高達四萬六千多種。在世界上那麼多的職業中，而你就是只想從事寫作這類的工作，而且還是跟旅行有關的寫作。

在現在旅遊這件事已經非常普遍，不再是有錢有閒的人專屬。因此，想寫作的人也變多了，在這樣的環境下，「我也想寫看看」或「我也想擁有一本印有自己名字的書」等想法的人很多。只是需要更積極和更熱情的態度，是那種只有寫作時才感到幸福的人，我們必須成為這樣的人才可以，**有沒有寫作的才能根本不是問題，問題是有沒有對寫作的熱愛。**

把旅行的故事寫成文字是一件非常有成就感的事情，想想看，如果你旅行回來後，想把一個重要的回憶告訴朋友，朋友們聽到你的故事後，表示同感和羨慕。然後，過了幾周後，我們再次見到相同的朋友時，我再把之前講過的故事說一次，朋友會想起來你已經講過那個故事，已經沒有太多新鮮感和好奇心，而感到無趣。如果你把想講的故事寫成文字的話，你就馬上變成作家了，而且變成作家後，比起用說的會讓更多人知道你的故事，你還可能因此有了收入。像這些，就是文字比語言更有用的部分，一定不能忘記的是，要成為不寫作就不會幸福的人，也就是說，是為了幸福才寫作。

愛上寫作

世界上最美麗的職業有三種：表演的演員、唱歌的歌手、還有寫字的作家。當然，這是我主觀的看法。

我在寫作的時候，有三個願望，我希望看到我的文字的人可以發自內心的被感動、流淚或微笑。如果三個無法都達成的話，至少希望有其中一個感受可以達成。

那演員、歌手和作家的共同點是什麼呢？我們在看演員表演的時候，有時候會大笑，有時候會難過或被感動，我們分明知道演員扮演的那個人的人生是虛構的，但還是會深陷其中。歌手們在唱歌時，歌聲也可以感動聽眾，而我們在傷心難過的時候，聽到某一首歌也會不由自主地流下淚，那時候就會想著為何歌詞跟我現在的心境如此雷同。文字也是如此，我們在看小說或閱讀其他作品的時候，也會同樣被觸動。演員、歌手和作家就是把我們這些感情引導出來的人，還有其他職業像這樣又酷又美好的嗎？

有些類似明星的知名作家擁有很多粉絲讀者，但畢竟這種作家不多，大部分的作家如果你不去特意關注的話，可能根本不知道他們的近況吧。即使如此，作家們依然覺得只要可以寫作就很幸福，是邊寫作邊感覺到自己存在的人，我們只要愛文字和寫作就足夠了，只有這樣你才可能成為不停寫作的作家，或許有一天也能成為非常有名的作家！

語言和文字的起源

讓我們來想想語言的起源。人們到底是何時開始說話的呢？對話真的只存在人類之間嗎？說話是對話的前提，為了說話，必須頭腦要先發育，器官也要進化。說話是進入聲帶、舌頭、喉嚨、牙齒內的空氣，透過特定的方式處理震動時發出的聲音。學者們推測人類是二十萬年前開始擁有這個身體構造，但是即使擁有這樣的身體條件，我們的語言能力也是十萬年前才開始產生的。

那麼，最早的文字是長怎樣呢？我們熟悉的甲骨文、象形文、楔形文字等都是人類最早的文字。據推測，甲骨文是西元前二〇〇〇年，象形文是西元前三〇〇〇年，楔形文字是西元三〇〇〇～三三〇〇年前產生。雖然比它們更早之前就存在了對話文字，但是跟語言沒有直接關係，因為文字是用於記錄人類的語言而產生的視覺性符號。人類透過文字可以把自己的想法傳達給不在同一個空間的人，也可以傳給後代子孫，可以超越時空的限制。作家這個職業是有了文字才能做的事情，要對文字感到感激。

有些作家在文字和照片中只負責其中一樣，不過那是極少的例子，而且旅遊作家同時負責文字及照片是比較適合的。當把自己的旅行轉化到紙上時，同時準備文字和照片是很白然的事，不過，萬一文字和照片只能選擇其中一個的話，那要留下哪一個呢？

只有寫字的旅遊作家是可以存在的，但是只有拍照的旅遊作家是不可能存在的。偶爾也有看到使用「旅遊攝影師」這種名片的人，不過他們只是在攝影師的前面多加了「旅遊」這個領域而已，嚴格來區分的話，旅遊攝影師並不是旅遊作家，而是攝影作家。

我並不是要比較或衡量文字和照片，有時候一張照片比一本書更能引起更多共鳴。旅游作家一定要都能夠消化文字和照片，不過，你要把故事傳達出去的根本方法就是透過文字。人類發明出文字的原因就是為了記錄，旅遊作家一定要透過優秀的作品，把這個原始的智慧延續下去。

寫作的訣竅「多讀、多寫」

一定要讀的書和想讀的書

最常聽到的寫作方法就是三多，其出自中國宋朝的文人，也是政治家歐陽修說過的話：「多聞多讀多商量」。為了可以寫出好作品，必須多聽、多閱讀和多思考的意思。但隨著歲月流逝，不知道從何時開始就變成了多讀多想多寫，多聞被拿掉之後，加入多寫的意思是百聞不如一見，即使聽了一百次，還不如自己親身寫一次的意思，這些都是很正確的觀念。

如果只能選擇兩個的話，那一定是不加思索地選擇多讀和多寫了。夢想當旅遊作家的人增加了，但其中有些人卻讓我大吃一驚，因為他們居然幾乎不太閱讀。練習寫作的時候，一看他們寫的文章就知道了，不閱讀就無法寫作。

那要從哪些書開始閱讀呢？歷史、哲學、文學、宗教？閱讀不同領域的書是非常重要的，但是閱讀量不足，時間也不夠的時候，我會推薦先閱讀旅遊書。想寫小說就一定要閱讀小說，想寫詩的話，一定要閱讀詩集，跟自己想寫的文字同一領域的書是必讀物。偶爾也有些成名作家，為了怕被其他作品影響到自己的文字，會特意不去閱讀同一類別作家的書。不過，大多數人在閱讀時並不用顧慮到這些，先重點閱讀自己想寫的領域書籍後，再深入閱讀某個特定領域的書，或是開始一一涉獵不同領域的書。

很多人都說書看著看著就會想睡了，我當然也不例外，書可以分成一定要讀的和想讀的書，如果閱讀就像吃了安眠藥的話，那我建議比起一定要閱讀的書，優先閱讀想讀的書。閱讀有趣的書比較容易投入，看漫畫書的話，好像沒有幾個人會打瞌睡，因此，先閱讀自己喜歡的書，養成閱讀的習慣才是最好的方法。

使用螢光筆和便利貼

大概是國中的時候，那時候讀過的某句話卻長久以來一直影響著我，內容並沒有很特別，那句話的意思是建議不可以隨意在書上畫上重點。第二次讀的時候，如果還是很感動或是感覺很重要的時侯，才可以畫上重點。雖然說是建議，但是當時的我打從心底認為，書中所說的內容都要遵守，所以那些話對我來說幾乎就是命令，從那個時候開始，我把在書上畫線這件事情當成是很愚昧的行為，現在如果能遇到那位作家，我一定要跟他問清楚，到底是為什麼？而且，在這個忙碌到連看書也很難有時間的時代，一本書看二次是多麼不容易的事情。

現在的我如果覺得那是好句子的時候，都毫不猶豫地用螢光筆畫上，即使如此，還是經常發生找不到那句話的時候，可能也常常從頭翻到尾還是沒找到那句話。因此，我現在開始使用便利貼，在書頁上貼上便利貼後，並寫上自己才看得懂的暗號。好句子的話，就畫上星號，覺得那個內容需要再次確定的話，則畫上三角形，覺得矛盾或者不認同的時候，是畫上叉叉。使用這樣方式之後，如果還需要翻那本書時，就會很有用處。

當然，不是每次都是這樣閱讀的，也不常使用便利貼來標註，但是，書是為了我而存在的，我只要根據自己的方式來使用就可以。我要說的是，書不是要小心翼翼來對待的物品，而且即使只閱讀書中畫線的部分，跟把書重看一次的效果是一樣的，那麼我希望大家不要猶豫，需要螢光筆或便利貼的時候，就積極地使用吧。

旅遊新聞和散文的差異

旅遊文章大致上可以分成旅遊新聞和散文兩大類。旅遊新聞也被稱為「資訊性旅遊新聞」。（本書中，根據不同情況，也會稱之為「旅遊新聞」、「新聞」、「資訊性新聞」、「資訊文」等。）「新聞」這個單詞在字典上的意思是「在新聞或雜誌上告知某個事實的文字」，也就是說包括散文也屬於新聞的範圍，所以新聞＝資訊性。

旅遊新聞常常出現在新聞、雜誌、網路等，以介紹旅遊地的資訊為主，寫成的文章通常都被分到旅遊新聞。旅遊書也是分到旅遊新聞類，當然，旅遊書比新聞、雜誌、網路上的資訊多更多，但是主要的內容方向是差不多的。相反地，旅行散文比起定期刊物，更常出現在個人著作裡面，有些名為「遊記」的單行本也可以當成旅遊散文，當然，在定期刊物也會有旅遊散文，但是跟旅遊新聞相比，比例是非常小的。

旅遊新聞的目的是傳達資訊，去了哪個地點，可以看到什麼，風景又是如何等等，還包含了交通、門票、店家連絡方式等小提醒。旅遊新聞的內容越仔細，受到讀者喜歡的機率就越高。雖然每則內容都有些不同，但是大致上就是規劃行程，也告知移動時間或放上周圍的美食、住宿等，就可以受到讀者喜愛。

但是，旅遊散文的目的不是傳達資訊，而是傳達情感。不是要說去了那個地方可以看到什麼，而是我在那裡感受到什麼，遇到什麼事情，又見到了誰，才是更重要的內容。甚至，在散文中常常完全不提那個地區的資訊。也就是說盡可能排除資訊類的內容（因為資訊在旅遊書上就可以看得到），透過旅行好好整理自己所獲得的想法，就是更好的散文。

因此，旅遊新聞是客觀的，旅遊散文是主觀的。旅遊新聞要把客觀的資訊寫成文章，而旅遊散文是把自己的感受和經驗寫成文章。閱讀旅遊新聞或旅遊書是為了旅行收集資料，但是閱讀旅遊散文，是因為讀到好的文字，可以讓自己感到滿足。

不過，這樣區分之後，可能會產生一些誤會，就是認為旅遊新聞就只是把資訊羅列出來，枯燥無味的文章而已，這是不對的！旅遊新聞也是篇文筆流暢的文章，現在寫得像散文的旅遊新聞就非常受歡迎，這樣的新聞才是好的新聞，因為以傳達資訊為主要目的的旅遊新聞，也必須是文筆優秀的文章。

旅遊新聞和旅遊散文的差異

旅遊新聞	旅遊散文
資訊	感情
客觀	主觀
引起動機	間接滿足
選擇內容	選擇作者

不是有時間的時候才寫，而是擠出時間來寫

跟想成為旅遊作家的學生們一起上課時，學生們都很認真，作業也都準時交。到了結業式那天，我總是會問大家，「大家都想成為作家嗎？」學生們的回答像合唱團般宏亮：「想！」接著，我就會建議，「那我現在告訴大家成為作家的方法，那就是每天當做像上課時一樣寫作，一年後，大家一定可以成為作家。」

如果有人在路上撿到一個石頭，之後每天花一個小時去擦拭它，十年後那顆石頭會變成怎樣呢？那顆石頭當然就會變成一顆亮晶晶的寶石。所以寫作時，這種持續且有規律的習慣是很重要的，剛開始可能不覺得有什麼改變，但是經過一段時間之後，就會驚訝地發現自己已經進步了。但是不論是三十分鐘還是一個小時，每天都要花時間來寫的話，對於上班族來說真的是件不容易的事情。至少一周寫一到二次以上，一次三到四小時以上持續地寫。用時間來記錄的理由，是為了強調要有規律且持續的寫作。

當然，上班族非常忙碌，很多人不能準時下班，即使下班後也常需要交際應酬，回到家只想放空休息，到了周末除了補眠，還累積了一堆的家事要做或是要陪小孩，根本很難有空閒。學生們也是差不多，開學後馬上就是期中考試，期中考試結束後，才鬆了一口氣，馬上又要期末考。放假的時候，不是打工就是和同學去旅行，時間也不太夠用。

有一句話說，不是把錢花剩了再來存錢，而是要先存錢後再來花錢。寫作也是如此，不是有時間的時候才寫，而是要擠出時間來寫，而且要固定寫作的時間，所以一定要習慣性地寫作。

打造屬於自己的寫作空間

我的書『旅行者的信件』的稿子，有超過一半是在捷運上寫的，那時候我常常搭捷運，也就持續地在捷運車廂內完成了稿子，回到家後再把筆記本上的文字打在電腦裡。有人問我，在擁擠的捷運內也可以寫稿嗎？能夠集中注意力嗎？我現在回頭想，那時候比在咖啡廳或圖書館寫的效率更高。

如果是在熟悉的空間寫作的話，常常會無法專心，在家寫作的話，則會時常偷懶，即使在家擁有自己的寫作空間，也常不能集中注意力，因此，大多數人通常都會去咖啡廳或圖書館寫作。

下班後直接去咖啡廳，回家前先寫一～二個小時後再回家，也是非常好的方法。如果條件允許的話，去圖書館也不錯。在家即使一個人在房間寫作也是容易受到干擾，但是在人很多的咖啡廳或圖書館，反而會有屬於自己的空間。因為週遭的人都是跟我毫無相關的人，我在擁擠的捷運內可以集中注意力寫作的原因，也是因為那些人都跟我無關，屬於我的場所的意思是，並不是一個人也沒有的場所，只要沒有人能干擾我的場所，那就是屬於我的空間。

如何寫旅遊新聞

讓我們來了解一下旅遊新聞的寫法，如同前面提到的旅遊作家寫的稿件，大致上可以分成旅遊新聞和旅遊散文兩種，這兩種文章的風格是截然不同的，其中旅遊新聞可以說是旅遊作家最基本的功夫，讓我們來學習一下旅遊新聞的寫作方法。

旅遊新聞的類型

場景敘述

旅遊新聞也分成好幾種類型，這種類型的文章會跟許多媒體合作，旅遊新聞最典型的類型就是場景描述，特定區域相關的旅遊新聞也屬於這種。例如，介紹韓國釜山、江原道、濟州島、慶洲、扶餘等新聞，這類新聞的標題大致如下：「這次夏天去釜山吧！」、「大韓民國第一旅行聖地——江原道」、「春天最先到達的地方——濟州」、「來到千年古都慶洲」、「找尋百濟的呼吸——扶餘」等這種方向的標題。

不過，這些地方就只用一篇新聞稿寫出來的情況並不常見，旅遊新聞的篇幅再長也不會超過五千個字。

也就是說，這樣的篇幅要介紹整個區域並不容易。其實，這些地方值得旅遊的地點，多到可以單獨出本書了，所以如果真的只用一篇新聞來介紹，只能算是沒有生命力的觀光景點介紹新聞罷了。

因此，場景敘述的新聞範圍越縮越小，像釜山南浦洞、江原道束草、濟州西歸浦、慶洲南山等，雖然還是描寫整個城市，但是已經縮小描述的範圍了。釜山南浦洞的話，就可以介紹國際市場、罐頭市場、札嘎其市場、BIFF 廣場等地方；江原道束草比釜山南浦洞更大，可以報導阿爸村、靈琴亭、束草燈塔、大浦漁港等。

但是最近的趨勢是範圍又更加縮小了，例如：報導首爾仁寺洞小巷、釜山寶水洞古書街、扶餘的扶蘇山城、泰安的西洋路、高靈大加耶古墓群、江原道的旌善運炭古道等，旅遊新聞可以說把空間縮到最小了。縮小空間的優點是，可以讓內容更有深度，也有份量。缺點是，為了完成一篇新聞，必須持續不斷地找出小空間內，值得報導的內容，這一點是有難度的。

目前為止，我們舉的例子都是日刊、周刊、月刊等定期刊物的模式，書籍的話，形式就不一樣了，書籍一般不會只介紹一個小區域，常見的方式是選出某個主題來介紹各個地方。書籍只介紹一個區域的代表性地點就是濟州島。雖然市面上已經有數十本濟州島的書了，每年依然有很多新書在寫濟州島。除了濟州島之外，首爾、釜山、江原道、慶洲等地方也有，但是，這幾個城市的銷售量都比濟州島低很多。

原因是為何呢？濟州島有獨特的海島風情。去了一趟濟州島旅行回來之後，會一心想著濟州島好好玩，一定要再去一次，不只如此，幾乎沒有人去濟州島旅行是當天來回的，如果說濟州島整個島都是觀光景點

동아일보 2014년 2월 15~16일 토·일요일 11

여행 대한민국 구석구석 강원/林道트레킹

하늘과 맞닿은 설원… 운탄고도(運炭古道)에서 눈길을 걷다

Travel Info

1

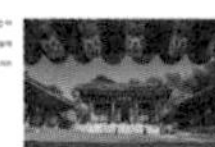

그대들의 충절 오늘에 되살아나

晉州

2

1. 東亞日報上的旌善運炭古道報導
2. 介紹晉周的旅遊新聞

韓國濟州島旅遊書封面

也不為過。只去兩天一夜也不常見，一般都是至少三天兩夜以上，雖然搭飛機從首爾一下子就到了濟州島，我還是不認為濟州島是當天來回就可以逛得完的地方。

主題類型

旅遊新聞的另一個類型就是主題，主題的種類就非常廣泛，歷史、文學、散步、酒、露營、自行車、汽車、巷弄、寺廟、建築，讓你數也數不盡。而歷史還可以分成人物或事件等，酒也可以具體分成啤酒、葡萄酒等。

這些主題的特徵就是專業性，先選定一個主題後，再去挑選適合的地點。例如，介紹全國自行車旅行路線的『自行車旅行經典路線』；或是介紹韓國六〇二個露營場地的『大韓民國自助露營場六〇二』；或嚴選韓國六十二個健行步道的『大韓民國健行經典步道』；介紹全國四十二座美麗的寺院的『寺廟旅行四十二』；韓國品酒遊記的『酒的旅行』等。除此之外，只要去書店看一下，就會知道書店內擺滿了許多我們沒看過的主題旅遊書。

除了一般書籍之外，也容易在某些定期刊物上看到許多旅遊主題，如「小島旅行」、「紅酒旅行」、「建築旅行」、「美食旅行」等旅遊專欄。這種主題文章的刊登，可以滿足不同讀者的喜好。

培養自己獨特的專業性

場景敘述的新聞類型，只要經過某程度的努力就可以寫得出來，相反地，主題敘述的新聞類型就很難一兩天就寫出來，如果自己沒體驗過用自行車來旅遊的作家，即使有可能寫出自行車旅行主題的文章，但喜歡自行車旅行的同好們，一看就會知道是不專業的作品，對於想要看專業介紹的讀者來說，會感到內容很不充足。

紅酒、咖啡、建築、宗教、文化等其他主題也是如此。如果沒有長時間研究該項主題，就不可能寫出有深度的文章，而大部份的讀者都希望，所看到的文章都是出於非常內行的「專家」所寫。因此，大多情況是建築遊記會請建築師寫，紅酒遊記會請品酒師寫，文學遊記則會請小說家或詩人等文學家寫。

但是，這也並不是說旅遊作家就絕對寫不出專業的主題遊記，建築師或品酒師雖然是那些領域的專家，但是他們很多都不太會處理文字和拍照。文學家雖然很會寫文章，但是卻無法正確地理解「旅行」這種文章，也就是說彼此都有不足的地方。

再者，像健行、露營、寺廟旅行、美食之旅等領域，旅遊作家是能透過學習和努力培養出專業度之後，所寫出的文章也會像這些領域的專家們，被大眾接受。如果可以讓自己被記住，是某個特定主題的專業性旅遊作家的話，那就很容易接到邀稿。

旅遊作家持續增加中，雖然很難準確地知道增加的速度，但是在這些慢慢增加的旅遊作家中如果沒有個人特色的話，就很有可能被淘汰。因此，培養自己獨特的專業性是非常重要的。

旅遊新聞的寫作方式

根據旅遊動線來寫

閱讀不同旅遊新聞的描述方式，來掌握新聞的走向或風格是非常重要的事情，首先，先來看根據動線來寫新聞的作家們描述的方式。

> 進入寺內的小小一柱門代表了長春寺的樸素和自然的年輪，我懷疑那扇開開關關的大門是否還可以正常使用，我不禁想到由旅人們做出的木門，或許一開始並不是為了當作讓人進出的大門。大雄寶殿前面種植的佛頭花已經白得熟透了，即使沒有風，它也會自己掉下花瓣。石造如來坐像因為是石佛，貼上金箔後要再來雕刻是非常困難的，但這尊佛像被鑑定為是統一新羅晚期的作品。
>
> 掉在石九德泉水上的佛頭花瓣無法飄去其他地方，只能在原地轉圈，我正觀賞時，也到了要給菩薩供養晚餐的時候，泡菜和三種野菜，還有鍋巴湯，儉樸到不行的供養，這就是脫離俗世的山中小廟。
>
> 朴東息，月刊海人的《長春寺》中一段

根據動線來寫的文章，優點是感覺就像跟寫這篇的作家一起去旅行，同時也充滿了作家個人特色，臨場感也很強。不過，因為主要是使用過去式，所以會有點陳年老舊或過時的感覺，雖然無法說是優點或是缺點，但是比起客觀性，主觀性更強是其特色之一。

解說型的新聞

相反地，解說型的新聞（說明型）跟根據動線來寫的新聞是截然不同的感覺。

> 最好自己開車去欲知島，雖然欲知島是很大的島，但是大眾交通運輸很不發達，自己開車除了可以在島上使用之外，開車兜風也是在欲知島可以享受到的最大樂趣之一。欲知島的環島公路大部分都建在高地帶，因此，常常可以看到相連接的蔚藍天空和海，以及俯望到與孤獨作伴的島村和大麥田地。（中略）
>
> 經過三�瞭望台就是榆洞村。雖然不到十戶的小村，但像是擁有世界上所有幸福和慵懶似地自在。往下走進村子，在小山坡的入口處還有一間小小的教會，這讓村子顯得更加平和，村子下面的德洞海灘也如村子一樣小又樸素，海灘上的小碎石每次被海浪打上來時，就像在嘰嘰喳喳聊天。欲

知島中最大的海灘就是德洞海灘。這裡不是白沙灘，而圓圓的砂礫石地，海灘的長度約三百米。小小的波浪不斷地湧上來，打起泡沫，被打濕的小石子在太陽的照射下一閃一閃的發光，海岸的懸崖峭好像用所有綠色松樹頂著頭，感覺所有事物都是為旅行者事先藏起來的禮物，讓我好想在海邊住下來。

朴東息，東亞日報的《欲知島》中的一段

解說型的新聞看起來和根據動線來寫的新聞很像，但是仔細看還是可以發現有所差異，特徵就是說明了去那個地方，就可以看到的事物或經過那個地方就有什麼。因此，跟根據動向來寫的新聞相比，解說型的新聞的客觀性更強。根據動線來寫的新聞，即使作家走錯路了，這部分還是可以成為新聞的一部分，但是，這一點就不適合放在解說型的新聞中。

解說型新聞的優點是內容實在可靠，比根據動線來寫的存在感更強，相反地親切感就比較不足了。不能說根據動線來寫的新聞和解說型新聞哪一個比較好，只是在寫新聞時要在心中區分兩者的差異就可以，編輯者和邀稿人是不會特意交代這部份的，這種選擇是作家要做的事，根據取材地點或媒體的特色等來決定就可以。

旅遊新聞的創作大綱

作家從哪裡得到資訊呢？

資訊大部分都是很客觀的，年度、人名、歷史、距離、地名等，根據寫作的人不同都會有所差異，當然看待歷史背景的角度也會有不同，但是如果不是歷史學家的話，那個差異並不會特別大。相反地，對於推薦某個場所的時候，好的壞的等主觀性見解，讀者們都會有不同意見，這跟一般資訊的範圍就不一樣了，因此，旅遊新聞一定要非常客觀。

作家得到資訊的方法有很多，例如，網路的知識新聞、各地的政府官方網站、相關旅行地的網站、相關新聞、相關書籍、現場的觀光公告欄、現場拿到的印刷品、文化解說員的說明等。不管作家從哪個管道得到資訊，都一定要驗證那個資訊是否正確，在寫稿的時候，也常需要直接打電話給當地相關單位確定實際情況。

我個人最喜歡的資訊就是文化解說員的說明，文化解說員的說明中有許多在網路上找不到的資訊，文化解說是站在旅行景點的前面進行的，除了有趣生動之外，還能隨問隨答，想知道的問題都能獲得答案。

重要的是旅遊新聞的目的雖然是要傳達資訊，但是如果只是單純列出資訊，絕對無法成為好的新聞，旅遊新聞也要像散文那樣，寫出含有豐富情感的文字，才是這個時代的趨勢。

前言的重要性

我們在看新聞或雜誌的時候，就會發現在進入本文之前，通常前面都會另外編輯幾行字，一般是二百字左右。寫文章時，在新聞標題之後先寫前言，為了跟本文區分開來，會在前言下面間隔一行後，再寫本文。

事實上，在編輯的時候，前言跟本文也是分開編輯的，甚至前言的字體還會比本文小，即使如此，前言還是非常重要的。要明確說明前言的特性是非常難的，但是如果用書來比喻的話，前言就類似於序，用電影來比喻，前言就是預告片，前言扮演掌握文章整體動向和氣氛的角色。

只要把前言寫好，文章就已經成功一半了，所以單獨閱讀前言，也必須是一段很好的文章。

嚴酷的冬天過去後，春天也來到了盈德的海，南邊海浪還不能到達東海前面的海岸，但依然已經春天了。從十二月開始可以捕撈到竹蟹的肉是結實和美味的，如果你想念這個味道，請來到盈德。說到盈德，生魚片也是不可少的，真的非常擔心回來的時候皮帶的洞是否還夠用。

朴東息，假想方式寫的前言

三～四月的盈德風景用一兩句表達出全部內容，並跟竹蟹季節作了連接。也沒有忘記提及當地美食生魚片，推想回到家的情況，讓讀者對於美食之旅的期待感更加提高，所以這是篇不錯的前言書寫範例。

前言一定要濃縮整篇稿件的內容，可以引起讀者對本文的期待感，雖然很短，但通常作家最苦惱的部分也是前言。如果前言寫的很上手的話，在寫本文時也會更加得心應手。

親切的資訊吸引讀者

在旅遊新聞中除了本文之外，小提醒也是非常重要的。一般在文章的最後就會列出在本文中提到的旅行地點基本資訊，例如交通、地址、電話、網站、公休日、門票等。但是這種資訊只不過是從很久之前就一直使用的傳統小提醒，在網路如此發達的現在，可以說是沒有什麼特別的資訊。現在只要在智慧型手機上滑一下，只需要幾秒就可以找到想知道的資訊，但是這些資訊還是要出現在文章裡。只是這種基本的小提醒已經再也無法吸引讀者了。我們需要更多樣且親切的小提醒。

下面的範例中，第一頁的「BEST SEASON」是指適合去旅行的季節，「TRAVEL PARTNER」是推薦在家人、戀人、朋友中適合跟誰去旅行。還規劃了一日遊和兩日遊的路線，也介紹基本資訊。最特別的是如果是安排二天一夜行程，連旅行費用也一起計算出來。文章的中間部分則透過「親切的Tip」，根據旅行地的特色提供不同的資訊，而文章的最後一頁是介紹「交通」、「美食餐廳」、「住宿」等。

範例

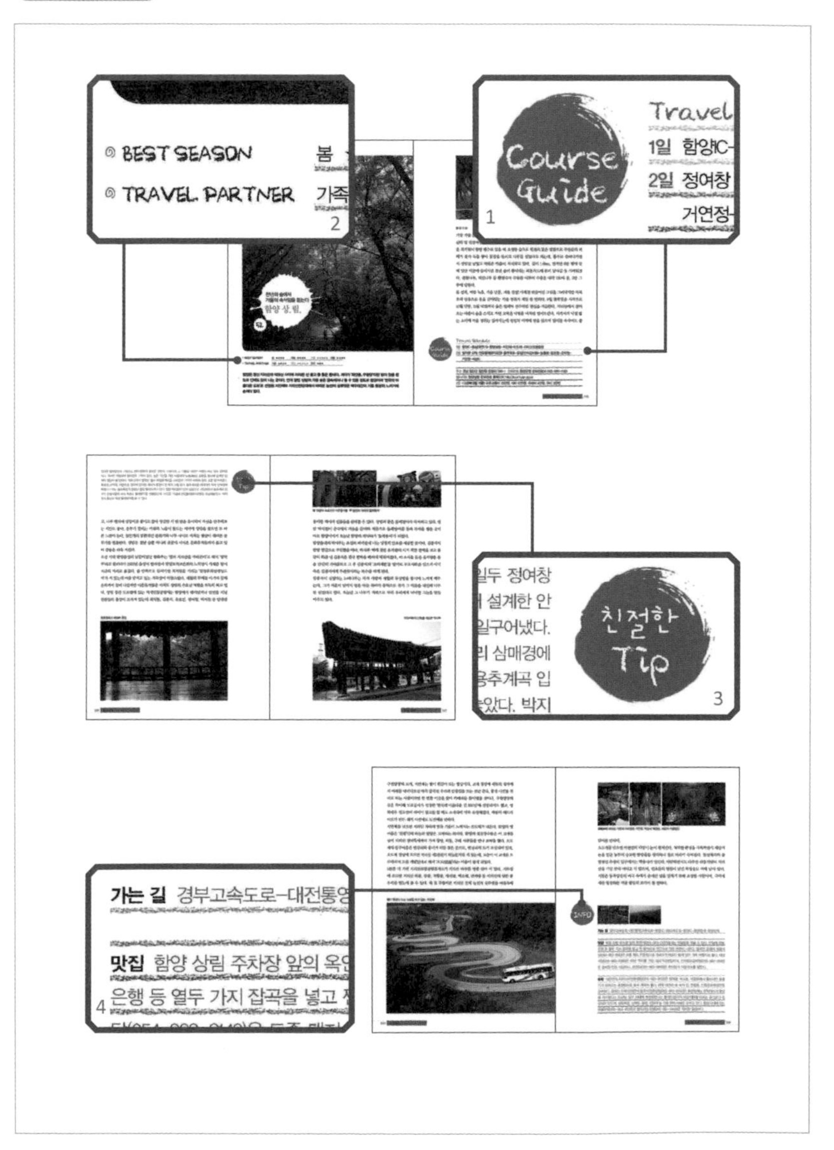

1. 介紹一日或二日遊路線。
2. 適合旅行的季節和對象。
3. 旅遊Tip小提醒。
4. 介紹交通、美食餐廳、住宿等。

不過，在出版界認為這種以傳達資訊為目的的旅遊新聞和旅遊書等，提供這樣的小提醒是非常重要的，也認為對實際書籍的銷售有很大的幫助，因為讀者們在選擇這些書的時候，是為了規劃自己的旅行買來參考，所以完全符合這些目的的書籍，會更受歡迎也是理所當然的事情。

使用更親切的詳細資訊來包裝的書並不難找到，不只是路線，連路線所需的時間或移動距離都計算出來，甚至也會告訴你在路程中哪裡可以用餐。攝影的部份，有時會用繪畫方式準確地告訴讀者，應該在哪個位置往哪個方向拍攝最好。

這種親切的小提醒有時候比本文需要花更多的精力，在取材時如果沒有細心收集的話，很有可能還需要再次前往採訪詢問。作者這麼努力的原因是因為這些對於以資訊為主的書來說，是非常重要的要素。如果是以出書為目的，一定要認真地觀察，受讀者歡迎的潮流和內容方向。

訪談的重要性

訪談可以增加文章的完整性

旅行也是一種相遇，跟自然的相遇，跟古蹟的相遇，或是跟博物館、美術館的相遇，但是，最重要的是跟人的相遇。人比任何自然景觀都還美麗，比任何古蹟還要珍貴。旅遊的文章中加入了人的故事之後，文章就會瞬間富有生命力，不只如此，臨場感也有了，氣氛也變得活潑生動。

往銀海寺的公車是八點二十分出發，公車早上有三班，下午也有三班。

雖然是在客運站出發，但這是市區公車，車上的乘客三四成以上是老人，在每一個停靠站都會多一兩位乘客，公車進入永川市內時，馬上就有一位阿姨上車了。

「哎呀，好久不見了，你又變漂亮了。」

「你老是這樣説。」

「我想變好看，也不行了喔。」

「兒子都大了吧？」

「最近都不聽話呀。」

「不聽話也是自己的孩子呀。」

在笑聲和引擎聲中，斷斷續續聽到的談話聲，跟偶然在公車上遇到的某個人聊著生活中的小事，這是在首爾公車上無法想像的事情。其中一位阿姨替身體無法站直的老爺爺按了下車鈴後，還親切地連行李也幫忙拿下去後，才再次上車。

朴東息『清雅』「明亮美麗的可愛地方，永川」中的一段

像這樣內容是使文章更完整的方式，除了讓文章內容更加豐富之外，也可以突顯出地方特色。根據年齡、性別、說話方式等表現出多變的表達也是優點之一。這樣就可以寫出，只是單純地列出旅行資訊或行程的文章中，無法看得到的有人情味的文章。

主動攀談

即使訪談具有這些優點，但是對話內容常常沒有被使用的理由是什麼呢？因為作者忙於在現場取材，其實不太容易跟某個人相遇，不只是沒有那個閒情，事實上取材行程都安排得很緊湊。在這樣緊湊的情況下，作者通常都將心思放在攝影等工作上，其他事情根本無瑕去理會。取材結束回到家後，也要儘快整理好資料，如果拍的照片無法使用，就理所當然要再去取材一次。因此，為了寫出好的文章一定需要充裕的時間。

而且在鄉下即使遇到誰，對於大部分的人來說，跟第一次見面的人攀談閒聊，都不是那麼容易。但是，作家為了完成文章，一定要主動走過去。

有位同事作家每次去取材的時候，都會在背包內放一包糖果。遇到老奶奶和老爺爺的時候，一起坐下分享糖果，也就開始了對話，跟小孩子也能輕鬆的交談。

談話並不是件偉大的事情，也不是一定要跟那個採訪區域的長官或大人物見面，偶爾遇到的人們都可能成為採訪的對象。他們說的某一句話也可能成為文章中重要的訊息。當然也有需要注意的地方，絕對不能為了取材以不尊重的態度對待他人，一定要用誠懇的態度面對，並且有禮貌地傾聽，他們也許就會給予你貴重的訊息。

做好採訪記錄

訪談內容不做記錄的話，很容易就會忘記，放在文章內幾行字的內容，並不是訪談的所有內容。但那幾行字卻是來自幾十分鐘的對話中。萬一幾十分鐘的對談完全不做記錄的話，那就非常難記住所有細節。當然說不定記住了內容，但是談話的核心不只是內容，還包含口氣和表達方式，這些全要靠腦力記住是不容易的。

如果是去使用方言的地區時，這個問題會更加嚴重，如果不熟悉那個方言的話，又沒有記錄，那要順利完成採訪是非常難的事。因為即使可以理解方言的意思，但要把它轉化成給一般大眾理解的文章就很難了，更可憐的是你可能根本聽不懂方言。

為了解決這個問題，一定要做好記錄，最普遍的也是最常使用的方法，就是寫筆記。訪談過程中，確實在取材筆記本上寫下內容，但是這個方法有個缺點，那就是寫的速度跟不上說的速度，而且談話本來就是有問有答的一個自然過程，如果太專注在寫筆記的話，就會破壞這種節奏。而且，雖然很好笑，也常發生甚至連自己也看不懂在寫什麼的情況。

最近常使用智慧型手機的錄音功能，優點就是可以集中注意力進行自然的對話，還可以完整無誤地把對方的語氣都錄下來。但是為了寫下錄音內容，事後需要花比錄音時間多好幾倍的時間，雖然為了寫出生動的文章，是一個必須的過程，但真的是件非常累的苦差事。而且有時候也會發生周圍的雜音太多，或是錄音位置太遠而導致錄音效果不好，更嚴重的是打開來錄音後，竟然忘記要儲存，內容也就全部消失了，因此，平時要非常熟悉如何使用錄音功能。

最重要的還是禮貌跟尊重，要錄音的話，一定要事前取得同意。因為如果讓對方事後知道有在錄音，容易因此而不悅。當文章中需要寫出談話對象的身分時，即使是在採訪事後，也一定要取得對方的同意。

要避免抄襲

道德感和良心

寫作是辛苦工作後的成就，在法律上也受到著作權的保護，如果把其他人的文字當成自己的文字使用，是不道德的行為，跟小偷沒兩樣。當然，文字跟照片的狀況不同，只要盜用別人的照片就是侵權，只有接受違反著作權的處罰。而文字有點不同，除非是連語助詞都一字不漏地抄襲，否則要判斷是否侵權真的不太容易。

而且抄襲行為，作者本身是最清楚的，即使可以騙得了別人，也絕對騙不了自己。萬一想引用某人的文字或說過的話，就一定要註明出處。

也要留意自我抄襲

抄襲不單指抄襲別人的文字而已，著作權單位最常查驗的資料就是論文抄襲，而論文抄襲中也有自我抄襲這個項目。簡單來說，就是自己之前發表過的論文，再次重複使用，如果引用其他人的論文當然要註明出處，但是抄自己的論文時，就沒有意識到這也是一種抄襲的行為，如今這種自我抄襲也嚴格地成為查驗的對象。

旅遊作家有時候也會陷入這種自我抄襲的迷惑中，已經在其他媒體刊登過的稿件只要稍微修改之後，就在其他媒體上刊登的行為，就是自我抄襲。特別是相同旅遊地點及相同季節，就更容易遇到這種狀況。

不過，再次使用自己的文字也很明確是抄襲，即使不是相同旅遊地點，在其他文章中使用過的形容詞句，再次被使用的話，也是不道德的。寫作是創作的過程，雖然很困難，但一定要以全新的心態寫出全新的文字。

1 在各地名勝古蹟中選擇一處並調查相關資料後，寫出約10行左右的旅遊新聞。要注意不可以使用跟調查資料類似的句子。

2 假設寫了一篇最近去過的旅遊地點的文章後，來寫寫看前言，前言跟電影預告片一樣除了濃縮了本文整體內容之外，還要提高讀者的期待感。

3 跟父母進行訪談，事先寫好欲詢問的興趣、喜歡的食物、最近難過的理由、扶養我感到最幸福的時候、退休後的希望等問題。

寫旅遊散文

在旅遊作家的寫作生涯裡，比起寫旅遊新聞，旅行散文被邀稿的機會是更少的。但是，對於旅遊作家來說，寫旅行散文的時候比寫旅遊新聞更感到滿足。因為這是可以寫自己想要說的故事，也是透過文字真實地跟讀者見面，如果想要寫出具有深度的旅遊新聞，那對散文的理解是必須的。

旅遊散文的市場分析

出版市場的分析

去年，韓國出版的旅遊書籍至少超過五百本以上，教保文庫的旅行類中又分成國內旅行、海外旅行、旅行散文、主題旅行、人氣景點、地圖等六大類。如果把人氣景點和地圖排除在旅遊書籍之外的話，主要有四個分類，根據教保文庫正式提供的資料中，去年教保文庫中出現的出版旅遊書籍的數量如下：

國內旅行 八七本
海外旅行 三二〇本
主題旅行 九〇本

教保文庫表示在旅遊類別中，旅行散文屬於重複的分類，所以很難單獨來計算出版數量。而主題旅行是否也在國內旅行或海外旅行中被重複計算，這一點無法被確定。因此，以現在的計算結果來看，去年出版的旅遊書籍約有四九七本。

同時，從韓國最大網路書店 YES24 所得到的資料如下，YES24 也是以去年出版書籍為基準來計算。

國內旅行 一四八本
海外旅行 四七八本
主題旅行 一四九本
旅行散文 九六本

YES24 回覆的同時也註明「大略」數字，同時也說明了分類中有些書是可能被重複計算到，除了非常特殊的情況之外，不論是在教保文庫還是 YES24 都辭銷售的話，那兩家書店的計算結果差異並不大。

不過，重要的並不是準確的數字，這是對一年出版的旅遊書大略統計，這樣就可以知道一年出版的旅遊書籍足足超過五百本，其中旅行散文卻不超過十本。也就是說，旅行散文的市場是非常小的。

比較國內旅行和海外旅行

注意統計後的數字，就可以知道不只是旅行散文的比例很小，國內旅行和海外旅行的差異也非常大。可以明顯看出不論是教保文庫還是YES24，海外旅行比國內旅行在比例上幾乎超過三倍。

而且，這個差距並不是特定某一年才發生的現象，雖然每年的比例差異都略有不同，但是這種不平衡現象是每年持續發生的。

這些統計，對於希望成為旅遊作家的人來說，是可以作為參考的。如果想成為旅行散文作家的話，比起國內旅行，先從海外旅行開始，會更容易一些。當然如果想要與眾不同，而挑戰出版國內旅行也不錯，但如果是想出版散文的話，那就需要有非常好的文字功力。

最後的旅行

去想去的地方吧

資訊類新聞和散文是不一樣的，資訊類是出發前先徹底做好取材的準備，那個過程越認真，寫出來的完成度也就會越高。不過，對於散文來說，取材是一個不必要的方式，旅行散文不是抱執著取材心態出發的。

而我，總是去想去的地方旅行，因為很好奇那個地方的風景，也想看看那個地方住的人。這不是去取材，而是去旅行，旅行回來後，因為有想要分享的故事，就把它們都寫成文字而已。幸運的是，到目前為止，我自認為還保有「最後的旅行」的初心和警戒心，不是為了寫而特意去旅行。

當然，作為一個作家不可能忽視世界的潮流，因此，別人去過的地方，我也會焦躁地覺得，自己是不是也要去，根據市場反應，某些特定城市的旅遊書比較好賣，那我也會不安地覺得自己是不是也要去那個地方，才可以再寫一本書，甚至也會去猜測明年或後年，跟哪些城市有關的書會賣比較好。

但是這些對我來說，都是毫無意義的，掌握到潮流後，並能準備完成是非常好的事情。如果可以預測準確的話，也能成為引領潮流的作家。如果那些潮流跟自己的志向正好相符，那就再好不過了，但是，如果你是無法穿上不適合自己衣服的人，或是討厭被限制，想要做一位自由自在的旅遊作家，那麼特意壓抑侷限自己，就是很愚蠢的事。

如果你想要寫旅行散文，我建議你要自由地去旅行，除了大致上的旅行路線之外，其他行程沒有任何規劃也沒關係，甚至在旅行途中不論何時都可以改變旅行路線，比起那些很熱門的旅遊景點，那地方的旅遊書會比較好賣等理由，不如去你自己想要去的地方，才會有更多你想寫的故事。

旅行散文的主角不是讀者，而是你自己，只有我才能寫出好的文字，讀了那些文字的讀者也會因此感到幸福。讀者在選擇資訊類書籍時，其目的是為了得到書中的情報，但選擇散文的時候，是因為想知道你的旅行，這一點絕對不可以忘記。

一天寫十次以上的日記

在旅行中寫日記是非常重要的，因為這是之後要寫成散文時重要的參考資料，即使如此重要，還是有很多人認為日記是一天結束後睡前才寫，這是很大的錯誤，日記必須隨時寫，不論想到什麼，都要馬上寫下來。跟人相遇的時候，如果聽到有意義的對話時，也一定要盡可能記錄下來，養成隨時找一個地方坐下來寫日記的習慣是必要的。

人的記憶有效時間比我們想像的短，突然想起重要的事情，如果沒有寫下來，即使在腦中反覆回想幾次，到了要正式寫成文字的時候，大多數情況是有印象，但卻想不起詳細的內容，這樣就寫不出你想傳達的珍貴文字了。

來不及的話，就記錄單詞

寫日記的時候，最好先記錄天氣、時間、地點，這樣做的好處是不管日記本有多厚，翻開日記本哪一頁都可以馬上知道是寫哪裡的內容，再者之後要找特定城市的日記時，即使不用閱讀內容，也可以找得到。

隨時記錄的日記並不一定要寫多長，簡短幾句也可以，在現場寫下的幾句比回去後才寫的幾十句更具有生命力，因為那個瞬間的感覺是很重要的。如果真的是很難記錄的情況，至少也記錄一下重點單詞。但是搭交通工具的時候，真的很難寫出長的句子，在路況不好的公車內更是如此，這種時候，簡短的記錄更有幫助。

例如：「黃色的野花和光腳的小孩」、「在火車上望著窗外的男子」、「在市場賣盤子的女人，類似青瓷的顏色」、「騎腳踏車跟隨我們車輛的小孩，還有灰濛濛的灰塵」等這種形式。當然，條件允許的時候以此為基礎寫成日記是更好的。我個人的經驗是，這樣簡單記錄後，之後通常都能寫出完整的句子，雖然簡短，但是當下想起的單詞並不只是單純的單詞，而比較接近關鍵字。

幸運的是，最近記錄變得更加便利，因為已經不需要依靠筆記本了，現在大多數人都使用智慧型手機，用智慧型手機寫日記的話，即使是在公車內也可以寫出長篇的日記。我自己自從使用智慧型手機之後，不只是寫日記，即使是去採訪，也不再帶筆記本了，行李也可以減重，就可以更輕鬆地去旅行。

收集經驗

以前讀到好的散文集時，我總是會想：「這位作家有好多特殊的經驗。」但是，現在我不會再這樣想了，「經驗」不會特別在某個人的生命中發生很多，像奇蹟般的事情常常發生在你我身邊，只是，有些人就這樣讓它過去，而有些人把它昇華成文字而已。

一定要收集經驗，為了不錯過在日常生活中不斷發生的重要瞬間，一定要培養出敏銳的觸角，旅行散文只是把那個背景從日常生活轉換成旅行地而已。如果觸角很遲鈍的話，即使去旅行，寫出來的文字也是沒有內容的文字而已。散文中的「我」就是作者本人，這是散文具有的文學特徵也是其高貴的地方，因此，散文也被稱為「自我告白的文學」。

在看想成為旅遊作家的學生們的文章時，常常有這種感覺，不論是多精練的文字，如果沒有自己的故事，還是無法比那些有點粗糙地寫出自己經驗的文字更感人。嚴格來說，旅行散文是憑藉旅行來說人生，我們想說的故事太多了！在那些故事中隱藏起來的真實，那就是散文的核心。

不是傳達資訊，而是傳達情緒

旅行散文是「不限定特定的格式，把旅行中的感受或體驗，根據自身所想寫出來的散文格式的文字」。

在這裡，一定要在「旅行中的感受或體驗」畫上重點，旅行散文不是傳達資訊，而是要傳達情緒。

「根據自己想寫的」這個表達有點會讓人產生些誤會，雖然這是考慮到不侷限於形式，隨筆表達的特色，但是根據自己所想直接寫出來的文字，是無法成為好的散文的。那樣直接寫的話，就只不過是喃喃自語的文字罷了。已故作家尹五榮老師就提出這樣的見解：「當無法理解真正的文學精神時，隨筆是任何一個人都可以寫的，他們很簡單地認為隨筆不用學習，直接提起筆就可以寫。」

在我替想成為旅遊作家的學生們上課後，就可以理解為何尹五榮老師要那樣告誡，學生中的某一部分人認為隨筆並沒有什麼特別的，也有人說就像寫日記那樣，只要直接地寫出來不就可以了嗎？他們並不是覺得寫散文很難，所以不去嘗試，反而是覺得散文很容易寫，但是，認為散文很容易的人，大多數都不清楚什麼是散文。並不是只要寫就可以寫出美麗的文字，寫散文是很辛苦的，這樣才能琢磨出美麗的成果。

旅行散文的最大目的是感動

讀者選擇旅行散文的最大原因就是為了閱讀好的文字，好的文字可以為讀者帶來感動，因此，旅行散文的最大目的是感動。寫散文的時候，就一定要忠於這個目的，那麼，要怎樣寫才可以為讀者帶來感動呢？這不是件容易的事情，但也不是非常困難的事情。

可以感動人的不是別人的故事而是自己的故事，因為我只能活在自己的故事裡，這就是散文，也是感動讀者的方法。可以確定的是，在散文中不寫自己的故事的話，很難感動讀者。

會寫散文的人，也很會寫新聞嗎？

旅行散文寫得好，旅遊新聞也會寫得好嗎？在回答這個問題之前，我們先來這樣問問看，小說家或詩人寫得出散文嗎？當然是可以寫得出來，那麼，寫散文的作家可以寫得出小說或詩嗎？可以寫，但是不能保證一定寫得好。

把旅行散文跟旅遊新聞做比較，如果很會寫旅行散文，那一定可以寫旅遊新聞，但是，很會寫旅遊新聞，那就不保證可以寫得出旅行散文。我們前面也提過，如今旅遊新聞的趨勢是類似散文的稿件，像散文那樣富有情感的稿件在旅遊新聞中也很受歡迎，並且認為那樣寫才是好的文章，也就是說散文的重要性再次被重視。

設計文字

散文的結構

文章可以分割成起、承、轉、合，或是前言、本文、結尾。起承轉結合字面的意思來看，就是提出問題的起，針對問題展開的承，讓展開有新轉變的轉，還有收尾的合。在小說、散文或劇本中也很常使用，不過，最近並沒有堅持一定要根據這個模式來寫作，反而根據前言、本文、結尾來寫作會更有效果。

那麼，前言、本文、結尾的比例又要怎樣分配才比較好呢？學生們的文章中常常會看到文章寫到三分之一了，還沒有辦法進入本文，大家常常不知該如何作結尾，只好草草結束，或者是根據整體文章的分量來看，前言太長，反而破壞了平衡。

作家孫光成在著作『孫光成的隨筆創作』中提到，假設一篇文章的整體分量是十，那麼前言、本文、結尾的比例如下：前言：本文：結尾＝一：八：一。

當然也不是說一定遵守這個比例，有時候，開頭或結尾的分量也可能是一・五或二。但是，要記住的是大致上不能太脫離一：八：一這個比例。書中還提到一個有趣的內容，如果是短篇文章的話，假設整體稿件分量是四的話，前言：本文：結尾的比例也可以分成一：二：一，也就是說長篇文章只有本文的內容會變多，前言和結尾的分量大致上不會有變化。

像攝影角度那樣想像

攝影師在拍照的時候，即使是同一個拍攝對象，也會努力拍出全新不同的感覺。在照片中的那個對象，是可以透過我們的肉眼來辨識，即使如此，也要努力拍出跟用肉眼看起來不同感覺的照片。像這樣把眼中看到的，拍出跟看到的不同的理由是什麼？就是「藝術」的分界點。

攝影師為了讓被拍對象看起來與眾不同，就會使用各種技巧，對於就在眼前的被拍對象，偶爾像鳥一下由高處往下拍，或者像狗那樣的用低姿勢往上拍，這些嘗試可以讓被拍對象看起來不一樣。有時候也會使用長時間快門的技巧或使用具有特殊功能的鏡頭，這些都是非常基本的嘗試，用自己的方式去全新表達的作家才會受到矚目。

散文也需要這種努力，像往上或往下拍攝同一個對象那樣，寫的時候也需要練習轉換不同立場。也能假設不用第三者立場來寫，改變思考的模式，透過不同角度來思考，能讓文字擁有更豐富的情感。

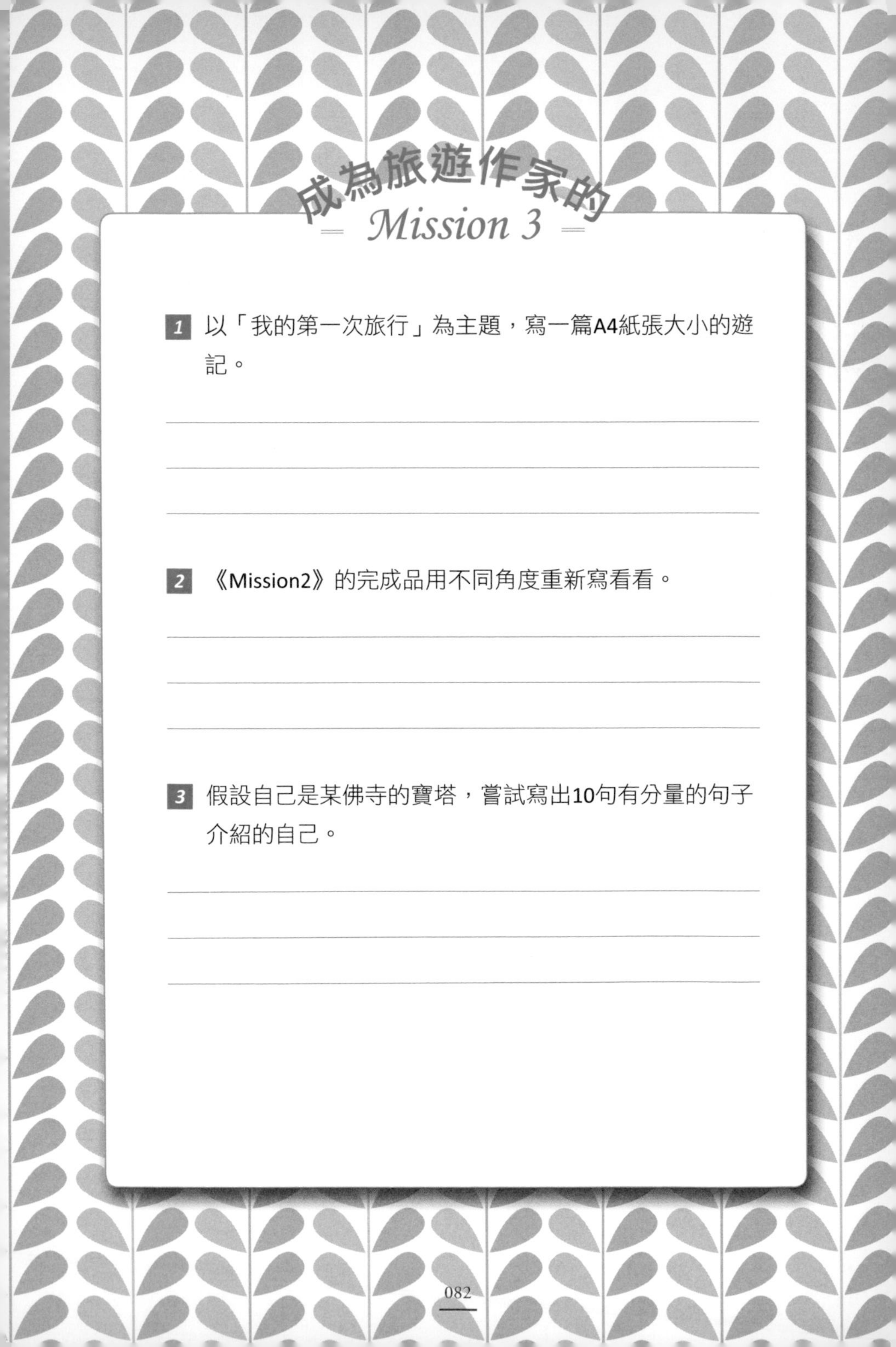

成為旅遊作家的 Mission 3

1 以「我的第一次旅行」為主題，寫一篇A4紙張大小的遊記。

2 《Mission2》的完成品用不同角度重新寫看看。

3 假設自己是某佛寺的寶塔，嘗試寫出10句有分量的句子介紹的自己。

強化字的張力

不要說明，而是要描述

對於關心寫作的人來說，為了寫出好的文章，一定要記住不只是說明，而是要描述。「說明」和「描述」雖然很類似，但事實上差異很大。

說明「名詞」
——為了讓對方了解某件事情的內容，而明確表達的話。

描述「名詞」
——用言語闡述或用圖畫畫出某個對象、事物或現象等。

說明的重點是「明確指出」，描述的重點則是「闡述或用圖畫畫出」，讓我們來比較一下下面的句子：

「頭很痛」、「肚子真的很餓」、「我愛她」、「和她分手之後，我的心痛了很久」都是說明，這些不過是「為了可以讓對方了解而明確指出的內容」罷了，但是只是列出這些說明的話，是無法成為好文章的。

相反地，「頭痛得好像要裂開了」這句話代替「頭很痛」這個說明的描述，「餓到肚皮貼到後背上了」也是「肚子真的很餓」這個說明的描述。不過，不幸的是這兩句作為描述來說，都沒有生命力，因為是常看得到的描述，常看得到的描述也不過是說明的一種。

「我愛她」這句話也是沒有任何情緒的說明，為了把這樣的句子換成描述，需要許多努力，把「我愛她」換成「遇到她之後，我的心也找到了春天」，雖然不能算是非常有創意，但已經是描述了。同樣的，「和她分手之後，我的心痛了很久」這句話換成「和她分手之後，我長時間活在冬天裡」後，也就可以看成是描述了。

一刮起風，蒲公英的花瓣也飛來飛去。

→ 微風徐徐，蒲公英的花瓣飄了起來飛去遠方旅行了。

說明	描述
頭很痛。	頭痛得好像要裂開了。
肚子真的很餓。	餓到肚皮貼到後背上了。
我愛她。	遇到她之後，我的心也找到了春天。
和她分手之後，我的心痛了很久。	和她分手之後，我長時間活在冬天裡。

透過分析上面的句子和修改後的句子的差異，就可以理解說明和描述在句子中怎樣被使用的，作家們有時候為了寫出適合的描述需要花好幾個小時，也就是說，描述並不是簡單的事情。

使用適當的修飾法

修飾法是美學的表達，修飾句子和語言的方法。根據表達的方法，可以分成強調法、變化法、比喻法等三種，各種修飾法的具體內容如下：

強調法

為了強調要表達的內容所使用的表達法。具體還可以分為誇張法、反覆法、漸層法、對比法、列舉法等。

變化法

為了避免單調所使用的表達法。疑問法、頓呼法、對比法等都屬於這一類。

比喻法

把要表達的事物影射成其他對象的表達法。可細分為明喻法、暗喻法、擬人法、換喻法、提喻法、借喻法等。

寫文章的時候，想著一定要用哪種修飾法，而特別在意修飾法的情況是極少的。因此，並不需要像準備考試那樣，把上面的修飾法都一一背起來，使用修飾法的文章，並不是特意去使用的，而是在寫稿的過程中很自然地把修飾法融入句子中，我們來看看最常使用的幾個修飾法。

誇張法

誇張法是強調法的一種，誇張法是把某種事物或狀態表現得比實際更強或更弱的方法。

洪水般的眼淚	萬丈懸崖
一千年如一日	老鼠尾巴小的薪水
像南山那樣大的肚子	像山那樣高的波濤
如針眼般小的就業之門	

疑問法

看看變化法中的疑問法，疑問法是把大家都知道的事實用疑問句來表達，或是對於不需要特別要求回答的內容用問題來表達的形式。疑問法用的好，可以讓文章避免單調，還有種歷練的感覺。在大部分是陳述句的文章中，偶爾使用疑問法的話，就會產生新鮮感。讀者雖然不需要回答，但是句子使用提出問題的方式，讓讀者產生參與的效果，使用疑問法要注意的是禁止過於頻繁使用。

> 不到一百年前的事情吧？
> 這樣也可以被叫做是人嗎？
> 哪裡有一次也沒受過傷的人呢？
> 這風是從哪裡吹過來的呢？
> 窮人連戀愛的資格也沒有嗎？

明喻法

在修飾法中最常使用的就是比喻法，而比喻法中又有明喻法、暗喻法、換喻法、提喻法、借喻法等，其中明喻法、隱喻法、擬人法的使用頻率更高，我們先來看看明喻法。明喻法是把兩個類似的事物做比較的表達方法。

像烏龜那樣慢的步伐　　像羽毛般那樣輕飄飄地飛
像冰塊那樣冰冷的視線　　灑到墨水般的黑色天空

使用明喻法的時候，一定要注意的是被用來比喻的事物所具有的代表性特徵。不論是誰一聽到「烏龜」這個單詞，就會最先想到「慢」這個單詞，相同地，一定要使用像羽毛＝輕，冰塊＝冰冷，墨水＝黑色等這些非常直覺的代表性特徵。

像烏龜那樣遲鈍的步伐　　像羽毛那樣飛很遠
像冰塊那樣冷靜地的判斷

上面這些表達好像也沒錯，但又顯得有點怪，因為「像烏龜那樣遲鈍的步伐」中「烏龜」和「遲鈍」並不是那麼容易聯想在一起。「像羽毛那樣飛很遠」中的「羽毛」具有的代表性特徵不是「遠」，所以才會顯得奇怪。如果一定要使用「遠」這個表達的話，修改成「輕飄飄的蒲公英像羽毛那樣飛很遠」反而會更恰當。「像冰塊那樣冷靜地的判斷」也是如此，「冷靜」雖然具有「冰冷」這個意思，但是並不會有冰塊＝冷靜這個想像。因此，反而改成「冷靜的判斷」會更簡潔有力。

隱喻法

隱喻法是用暗示的方式，表達事物的狀態或動作的修飾法，也就是把本來的觀念隱藏起來，提出輔助性的觀念來描述要表達的對象的方法，隱喻法是跟明喻法相對立的修飾法，因為跟明喻相對立，所以才被稱為隱喻法。

我的心是湖水　人生是一場旅行
學校是我們的監獄　你是我的太陽
我的心是一塊荒地

隱喻法很容易跟明喻法搞混。但是，明喻法和隱喻法是完全不同的修飾法，明喻法會使用「像…」、「如…」、「…般」等單詞，也直接使用被比喻的事物的代表性特徵。相反地，隱喻法是使用「什麼是什麼」這種表達的修飾法，同時，跟被比喻的事物的原本觀念毫無關聯。像湖水≠我的心、人生≠旅行、學校≠監獄、你≠太陽、我的心≠荒地等，都跟被比喻的事物特徵無關，即使如此，還是可以適當地用來表達特殊狀態，因為隱喻法跟明喻法不同，隱喻法是重視內在一致性的方法。

擬人法和換喻法

擬人法和換喻法雖然很類似，但卻是不同的修飾法，首先我們看看擬人法，擬人法是把非人的事物比喻成人的修飾法。

黑夜漸漸地向我襲來。
黃色的菊花露出大笑臉。
岩石沉默地屹立著。
石塔今天也慢慢地老去。
那天晚上的星星們閃爍地談情説愛。

像這樣擬人法是把非人的事物比喻成人的表達，但是換喻法是把非生物比喻成生物，或是把不能動的植物比喻成動物的修飾法。

今天的海也靜靜地入睡了　天空正在咆嘯
蠢蠢欲動的大地　憎恨生出詛咒

「入睡」、「咆嘯」、「蠢蠢欲動」、「生出……」這些不只是人，也是可以用於動物的行為。因此，如果硬要區分換喻法和擬人法的話，大致上分成只有人能做的事情就是擬人法，人以外動物也可以做的事情就是換喻法就不會出錯。

重要的不是區分換喻法和擬人法，在寫作的時候，可以自由地使用各種修飾法才是重點，但是，勉強或過分地使用修飾法，反而會產生反效果。使用修飾法的理由不是為了誇耀自己的文筆，而是為了讓傳達出的意思更具效果，某些修飾法有時候會顯得很老氣，就像用太過熟悉的描述作修飾時，就會缺乏生命力，經常被大家使用的修飾法，也無法使文字變得有深度，例如「像烏龜那樣緩慢的步伐」這句話就很難感到創新。

透過故事情節增加吸引力

情節的理解

情節就是文章的「結構」，這是常用於小說或電影中的用語。那麼，故事和情節有何不同呢？一般來說，故事是根據事件發生的順序來敘述，情節則是根據人際關係來敘述，常見的例子「國王死了，王妃也死了。」是故事，「國王死後，王妃也死了。」就是情節。

羅納德•B•托比亞斯（Ronald B. Tobias）的『經典情節二十種』，對於學習情節的人來說是非常有名的教科書。書中有二十個實際的情節例子，分別是探討、冒險、追蹤、救援、逃脫、復仇、謎團、對手、犧牲者、誘惑、變身、變樣、成熟、愛情、禁忌的愛、犧牲、發現、狠毒的行為、成長和沒落，每個情節都用既有的作品作為例子，來說明情節展開的方式、特徵、效果或要注意的細節等。

但是我個人希望能不知道有這樣一本著名的教科書，因為這本書把情節解釋得太過研究性和分析性。而且，不論是哪種小說或電影都能明確地分成「探討的情節」、「復仇的情節」、「愛情的情節」等其中的一個情節嗎？當然有些作品可能正好是托比亞斯說的二十種情節中的一種，但是大多數作品都是包含兩個情節以上的複合情節，反而『經典情節二十種』的譯者寫的序言比內文更明確地說明了情節。

作品中出現的事件的排列就是情節，情節透過連接一個事件跟下一個事件，創造出原因和結果，一個事件的結果也就是另一個事件發生的原因。這個故事一定要具有情節，才能到達結局，也就是說讓事件發生的裝置就是情節，讀者或觀眾就是透過這個過程對作品產生興趣。

好的情節是什麼呢？作品一開始發生的事件可以引起所有人的好奇心，也對看的人提出了問題，故事經過高潮後，直到結局才得到答案，好的情節一般都是這樣的方式。

譯者在『經典情節二十種』序文的一段

「作品一開始發生的事件可以引起所有人的好奇心，也對看的人提出了問題，故事經過高潮後，直到結局，才得到答案。」這句話好到值得背起來，非常明確地說明了所謂的好的情節。綜合前面幾個說明後，故事和情節的差異最簡單的說明如下。

故事

——根據時間的流逝來敘述。

情節

——逆轉時間的流逝，有時也跳躍著不同時間點來敘述。

也就是說，情節不是根據事件的時間順序來敘述，而是逆轉時間的方式來敘述。

> 她的膝蓋流著血，還繼續奔跑著。

如果把上面這句話作為某部作品的第一句話，那讀者們一定會好奇為什麼她會流血，也就會想要繼續往下讀。她流血的理由有千千萬萬種，但是真正的理由只有一個，只是讀者還不知道那個理由，這個就是情節的出發點。

> 她為了趕著上班匆匆忙忙的出門，在忙碌的上班時間，不知怎麼搞的電梯卻故障了，為了怕遲到，她從十五樓跑到一樓，快到一樓的時候，卻在樓梯上摔倒了，她的膝蓋也因此流血了。

相反地，上面的文章根據時間的順序來寫出事件，流血的理由也變得非常平凡，不會讓讀者有緊張感，情節就是在平凡的故事中加入緊張感，這就是使用情節的理由。

所有的逆轉都來自情節

布魯斯・威利主演的《靈異第六感》是一部懸疑驚悚片，布魯斯・威利在片中是一位優秀的兒童心理醫生。有一天，他負責一個八歲男孩的精神諮詢，布魯斯・威利想起之前因自己治療過有一位懷恨舉槍自殺的患者，就非常用心幫這個男孩做諮詢治療。男孩是可以看到死去的人，死掉的靈魂對男孩痛訴自己悲慘的死亡。男孩對於可以看到靈魂感到極度痛苦，布魯斯・威利對此抱持著耐心進行定期的治療。

同時，布魯斯・威利和妻子的關係越來越疏遠，妻子重看結婚時錄製的影片來懷念過去。有一天，布魯斯・威利回到家的時候，看到妻子坐在客廳的沙發上很傷心的睡著，布魯斯・威利正猶豫要不要走過去時，流著淚的妻子手垂下來後，一個戒指掉了下來。

《靈異第六感》是一部逆轉時間的電影，看電影的觀眾在看到戒指落到地上的瞬間，都受大了衝擊。整個電影院簡直就像被冷冰冰的寂靜籠罩著，那個戒指就是布魯斯・威利的結婚戒指，布魯斯・威利已經被自己治療的患者用槍殺死了。但是他卻沒有意識到自己的死亡，才一直留在陽間，布魯斯・威利可以幫男孩治療，也是因為男孩可以看到死去的靈魂的關係，妻子也因為無法忘記死去的丈夫而傷心痛苦。

《靈異第六感》如果根據時間順序來講故事的話，就會變成這樣：男主角某一天被自己治療過的患者用槍殺死了，男主角沒有意識到自己已經死亡，還遇到了可以看得到靈魂的男孩並開始為他治療，男主角跟妻子的關係也越來越疏遠，但是他並不知道是因為自己死去的關係。不過，有一天他看到坐在沙發上的妻子從手中掉落的戒指，才知道原來自己已經死去的事實。

《靈異第六感》因為應用了情節，成為一部非常成功的電影，布魯斯•威利是死去的靈魂這件事情是電影一開始就已經是設定好的事實。不論是應用情節，還是根據時間順序來敘述，在電影中講的基本內容都是一樣的。但是，應用情節之後，直到電影結束之前，就一直維持著緊張感，直到最後一瞬間才逆轉登場。

結果，情節決定了「從哪裡開始講故事？」。即使是相同的故事，根據不同情節重新來排列地話，就會產生新的生命力。應用情節後的文章跟原本的文章不同，一開始就會讓人產生好奇心，讀者就會保持著疑問繼續讀下去。情節不是根據事件的時間順序來敘述，而是逆轉時間的流逝或跳著來敘述。而且好的情節是「作品一開始發生的事件可以引起所有人的好奇心，也對看的人提出了問題，故事經過高潮後，直到結局的時候，才有了答案。」

短句的重要

短而有力

第一句話一定要短！這句話非常重要。文章剛開始的第一句話，就跟人的第一印象一樣，第一印象會被長久記住也不容易改變，文章的第一句也是如此。但即使如此，還是常常被忽視，我們來看看學生們的例子和被修改後的句子。

> 民族分裂的悲痛和自然的美麗風景，完完整整地保留下來的非武裝地區，有管制民眾的出入。從這個地方開始，車窗外看到的所有事物都不可以拍照。
>
> ↓
>
> 非武裝地區是保留民族分裂悲痛的地方，長久以來都有管制民眾的出入，也因此自然的美麗風景被完完整整地保存下來。從這個地方開始，車窗外看到的所有事物都不可以拍照。

跟原本的句子相比，被修改過的句子顯得簡要且意思也很分明。把第一個句子寫短的意思，跟數學公式不一樣，絕對不是不那樣做的話就不可以。只是，第一句話寫得短的時候，比寫得長的更能留下深刻的印象，因為短句比長句更簡潔有力。

不只是第一句話，在寫作的時候，練習寫短句是非常重要的。初學者的文章中常看到長句比短句更多，這並不是很會寫作的意思，而是因為無法自由自在地用短句描述，因此寫短句比寫長句更加困難。

寫作也使用 4/4 拍子

希望大家熟練寫短句之後，才來寫長一點的句子，文章原本都是用短句來寫的，只不過，只寫短句會顯得單調，所以才偶爾把兩個句子合在一起，根據不同情況，也會把三個句子連在一起。

因此，我創造出來「寫作也使用 4/4 的拍子」這句話。4/4 拍子的樂譜是以「強弱中強弱」的方式來唱歌或演奏，就如前面所說的，短的句子強而有力。因此，第一個句子一定要短，接下來的句子寫長一點，再接下來的句子又要寫短，但比第一句長一點也沒關係，最後一個句子就可以再次寫長。

重點不是說寫作時的句子長度一定要遵守「強弱中強弱」，有時候，可能是「強強弱強」、「強弱弱強」或「強弱弱中強」。這裡的意思是說等熟練用短句來敘述之後，短句和長句就可以適當地配置，自然融入順暢的文章中，像這樣，應用句子長度的文章就會像感覺到有節奏，而且，有節奏的文章，即使不使用特別的修飾法也可以感覺簡潔明瞭。

把多餘的廢話拿掉

Apple 創辦人賈伯斯說過這樣的話：「把多餘的設計拿掉再拿掉，直到沒有什麼可以拿掉才算完成！」

設計並不是加上什麼之後才是完成，文字也是一樣，把句子或者段落中不需要的廢話拿掉之後，才是篇好的文章，我們來看看例句：

我們坐在泛著晚霞的海邊岩石上，望著紅色的晚霞，氣氛很好，彼此的手就自然地牽起來了。

↓ 我們坐在泛著晚霞的海邊岩石上，氣氛很好，彼此的手就牽在一起了。

最好把不需要的代名詞或已經在其他句子中有類似意思的部分刪除，上面的例子只挑出一句話而已，還不會顯得太過糟亂。但是這樣的句子在稿件中反覆出現的話，就會變成讓人產生閱讀疲累感，跟主語和狀語相關的例句如下：

過了好幾個月之後，我才可以聽到她的消息。

↓ 過了好幾個月之後，（我）才可以聽到她的消息。

（註明：韓語中通常不使用「我」這個主語。）

在意思沒有任何變化的情況下，「我」這個主語或「給我、對我來說」最好要省略掉，因為讀者已經知道寫作的人就是主體，當然有時候為了強調，也可以特意使用，但是經常這樣用並不好。

同時，一個句子中要避免重複使用修飾語或形容詞，透過下面的例句來看看一個句子中包含的各種意思：

> 用在鹽礦山上的岩鹽做出的許多雕刻作品，讓我不由自主地讚嘆起來。
> ↓ 在鹽礦山上的雕刻作品
> ↓ 岩鹽做出的許多雕刻作品
> ↓ 許多雕刻作品

上面的例句因為只有一句，所以比較不會產生疲累感，但這種句子常常出現在文章中的話，閱讀時就需要很好的耐心，請記住，短而簡潔的句子比亂用華麗的形容詞的句子更有魅力。

掌握時態

過去式和現在式

資訊性的新聞或散文都不是虛構的，嚴格來說不論是資訊性的新聞或散文，那個旅行故事都已經是過去的事了，所以，一般都是使用過去式。

只要注意這一點，記錄旅行的方式中，使用過去式是最適合的方法。不過，雖然過去式是很普遍的敘述方式，但是一不小心就會給人沉悶的感覺。因此，偶爾使用現在式，就會有截然不同的感覺。

現在式和過去式不同，其特色是可以給讀者帶來臨場感，過去式和現在式用電影攝影的技巧來比喻的話，過去式是由登場人物來走動，現在式是攝影機在移動，假設場面的背影是走在黑暗寂靜的小巷內的話，那差異就更大了。比起登場人物來走動的樣子，由攝影機來移動，那個畫面會給觀眾帶來更直接的感官刺激，但是，敘述已經發生的旅行時，執意要使用現在式的話，一不注意就會顯得很勉強。

注意時態混用

還有一點不是使用過去式或現在式，而是時態混用的情況。在同一篇文章裡的所有時態都必須一致，如果無法掌握時態，就會發生過去式和現在式交叉出現的情況。

表達清楚且具體

寫具體

初學者最常犯的錯誤之一就是寫出很表面的句子，很表面的句子是不容易打動讀者們的心，甚至連寫出這些句子的人本身，也常對這些句子沒有絲毫的興趣。

> 火車越來越接近釜山，我腦中就閃過許多回憶，我再次懷念起那個時候。

例句裡的「許多回憶」，要把想起的那些回憶寫出來，才會讓文章有生命力。事實上，厲害的作家不喜歡使用「許多回憶」這個表達方式，因為馬上把回憶寫出來是更棒的方式，也就是說，不需要用「許多回憶」來表達。

> 「火車越來越接近釜山了，那是國小五年級時候的事情了，那天也一樣搭著火車去釜山，聽到離家出走的哥哥在釜山的消息後……」。

「難以用言語表達」這句話可以說是作為作家不負責任的敘述，把感受到的用文字寫出來就是作家應該做的事情，而且美麗、愛、想念等單詞，再也不是能表達得出美麗、愛、想念的單詞了，這些都是沒有生命力的單詞。不管怎樣寫它很美，也無法讓讀者感興趣，讓我們比較一下下面的句子。

1. 在去海邊的路上開出了花朵。
2. 在去海邊的路上開出了黃色花朵。
3. 在去海邊的路上開出了油菜花。

聽到「花」這個單詞時，有什麼想法嗎？並不會有特別想法，就是花而已。但是「黃色的花」就有點不同了，至少可以想到「黃色」，有時候也會想到黃色花的種類，「油菜花」的花呢？黃色、綠色、輕飄飄、風等五種感官都會受到刺激。

1. 風吹拂著臉頰。
2. 從樹林中刮來的風吹拂著臉頰。
3. 從松樹林中刮來的風吹拂著臉頰。

上面的例句也是如此，根據順序來排列的話，風↓從樹林中刮來↓從松樹林中刮來的風。

用「凶器」舉例的話，會有刀、錐子、槍、鐮刀、榔頭等許多東西。甚至只要有心的話，手中握著的任何東西都可以成為武器。不只是如此，即使把範圍縮小到「刀」的話，依然有許多種類，如廚刀、刮鬍刀、水果刀、削鉛筆刀等。但是，「斧頭」這個單詞就非常明確。小石頭也是很模糊，且拳頭大小的石頭也可能覺得是小石頭，豆子般大小的石頭也可能覺得是小石頭。「臉」雖然看起來很具體，但是依然包含很多部分，有鼻子、嘴巴、顴骨、額頭等，越是寫得具體，可以讓讀者感情更豐富，在傳達意思上也更準確。

避免模擬兩可的表達

閱讀學生的作品時，常常看到明明就是自己的想法，但是卻使用不明確的表達，特別是「好像…」。

> 到高中畢業前為止，我好像沒有一個人離開過家鄉。長大之後，我喜歡一個人到處走走，可以這樣好像是托了電車的福。

表面的表達	具體的表達
使用了凶器	臉被球打到
小石頭	栗子大小的石頭
臉被球打到	額頭被球打到

「好像…」這個表達方式，其實極少用於實際記憶模糊或不確定的時候，反而因為口語上的習慣，就不由自主地用於寫作上。「好吃」、「幸福」、「美麗」等表達常常看到特意寫成「好像很好吃」、「好像很幸福」、「好像很美麗」，寫作上要避免這樣的表達。

> 到高中畢業前為止，我沒有一個人離開過家鄉。長大之後，我喜歡一個人到處走走，可以這樣是托了電車的福。

語意不明的句子

「我喜歡小芳的朋友佳佳很美。」這個句子中，「我喜歡的人」是小芳？還是佳佳？即使重讀幾次，也沒有用。正確的答案只有寫作本人知道。像這樣雖然文法上沒有錯，但是這樣的句子很常見。

> 1. 我和妻子一個月後見到了小孩。
> 2. 比起我，他更喜歡旅行。

上面的例句都有語意不明的意思，第一句中是我見到了「小孩」？還是一起見到了「妻子和小孩」？第二句中也無法知道「比起喜歡我這件事情，他更喜歡旅行」或「比起我喜歡旅行這件事情，他更加喜歡旅行」。為了解決這個問題，可以使用括號，或是分解句子來重寫。

1. 他那天和妻子見了小孩。
↓ 他那天，（一起）見了妻子和小孩。
↓ 他那天和妻子（一起），見了小孩。

2. 比起我，他更喜歡旅行。
↓ 他和我都喜歡旅行，比起來他更加喜歡旅行。
↓ 他很喜歡旅行，比起他喜歡我的程度，他更加喜歡旅行。

具有語意不明的句子比想像的還要多，所以寫作的人或讀者沒能掌握真正語意性的話，就無法把意思準確地傳達出去，因此，寫作的人一定要確定自己要表達的意思是否準確地寫出來。

避免最高級副詞的使用

在寫稿的時候，會有要強調或想要強調的時候。這時就會使用像「真的」、「非常」、「最」、「極為」等副詞。使用「真的」或「非常」的時候，可以讓文字變得幹練，也不會成為錯誤的句子，但是使用「最」或「極為」的情況卻是不同的，根據不同情況，會對句子內容產生真實性的懷疑。

1. 我從小就最喜歡蘋果。
2. 爬山的時候，最重要的是登山鞋。

第一句是非常主觀的，所以除了寫作本人之外，很難去確認真偽。但是即使不考慮真偽，現在的句子本身也是有模糊的層面，因為無法知道是世界上所有東西中最喜歡蘋果呢？還是在吃的東西中最喜歡蘋果呢？或者在水果中最喜歡蘋果呢？如果是「水果中最喜歡蘋果」的話，就比較好理解。但是，如果把句子改寫成「我從小就真的很喜歡蘋果」，就比較沒有問題。

第二句也亂用了「最」，不知道會有多少人不認同這句話，因為可以說體力是最重要的，決心是最重要的等等。如果只是要強調登山鞋的重要性的話，可以改成「爬山的時候，不可以忘記登山鞋的重要性」。

「一旦、一直、馬上、加上…、還有…」

不常寫作的人，經常犯的錯誤之一就是把「口語」的習慣直接寫出來，文字要有「像文字」的樣子，含有口語習慣的文字就不是文字了，下面的例句就是直接把口語寫進文字內：

1. 時間許可的話，一直住在那裡也不錯。
2. 太急了，我就馬上跑出去。
3. 出門的時候，我帶了手機加上錢包。
4. 你還有我性格不合。

把「一直」、「馬上」都刪除的話，對於句子的意思也不會有任何影響。刪除之後，反而顯得簡潔，如果一定要使用的話，如果是必須集中做某件事情的時候，第二句有「現在才」的意思，同時也有「慌亂」的意思，當然現在這個句子是有「慌亂」的意思。

第三句中使用的「加上…」換成「和…」，第四句中使用的「還有…」換成「跟…」的話會更好。「加上…」和「還有…」是用於口語，在文章裡要使用「和…」和「跟…」。

校稿技巧

稿件就像醬料

「修正」和「校正」的意思相似，校正是找出錯誤的地方，修正則是調整文字成更好的表達，校稿過程是校正和修正並行的作業，一定要找出錯誤的地方，同時也要修改完成度不足的地方。

稿件就像醬料，就像長時間發酵的醬料會更好，稿件也是沉澱越久越好，這裡說的沉澱不是說把稿子合起來不去讀它，而是說要反覆讀的意思，每次讀都會發現需要校正和修正的部分。

稿件完成後的一個小時後讀和第二天讀有很大的差異，比起一個小時後讀，第二天讀的時候更具有新鮮感，也會發現更多需要修改的地方。當然不可能無止盡地校正和修正。即使如此，也要確定有足夠的時間可以用來校正和修正。

朗讀校稿

進行校稿的時候，出聲朗讀是一個好方法，眼睛沒注意到的部分，常常在出聲朗讀的時候就留意到了。特別是出聲朗讀時，也會注意到句子和段落的節奏感，這時候，也能修改不夠順暢的地方。

給其他人讀也是一個好方法，因為別人不是寫作的當事人，可以站在客觀的立場上閱讀。閱讀稿件時一定要印出來讀，因為用電腦螢幕校對時疏忽的部分，常常會在紙稿上發現。

截稿日就像生命般重要

邀稿的時候，都會訂一個截稿日。「截稿」的英語是「Deadline」，意思是超過截稿日就會死亡，我有兩年的時間是負責收截稿日的稿件，那是個好幾名作家一起參與的企劃，截稿日是每周一，我那時負責的工作非常單純，就是把截稿日收到的稿件寄到其他地方。

但那時候我才瞭解了一個事實，比起很會寫的作家，遵守截稿日的作家更容易讓人信任，如果不能遵守截稿日的話，那就有可能會寫得很趕，寫得很趕稿件就容易不夠完整，更嚴重的問題是因為截稿日迫在眉睫，連校稿的時間都沒有，不能遵守截稿日的作家不是忙碌的作家，而是偷懶的作家！

1 「在公司工作（或在學校讀書）太辛苦」、「我喜歡旅行」、「我最喜歡的料理是OO」等句子用描述方式來寫看看。

2 使用明喻法、隱喻法、換喻法各寫5個句子

3 以「郊遊」為主題，寫出約一張A4紙量的文章，並應用情節來敘述。

Part 3

旅行作家的拍照作業

拿著相機，把旅行中看到的無數風景收藏起來，
對旅行作家來說是非常重要的。
不只是為了好奇心及自我滿足，
也是希望將旅行地的美味和美景，分享給更多的人，
在這個過程中練習拍照，慢慢累積經驗都是必經之路。
在這個篇章中我們將介紹，
旅行作家一定要學會的照片拍攝及表達方式。

柳禎烈

相機的設定和功能要先熟悉

不論我們是使用哪款相機，其內建的功能都差不多。買到相機之後，雖然只要懂得按快門就可以拍照，但是為了拍出好照片，必須把快門、光圈、感光度等相機名稱和功能都背到非常熟悉為止。隨著經驗的累積，相機的操作越來越熟練後，瞬間抓拍也會越來越快。

ISO（感光度）

ISO 指的是底片對於光線的靈敏度。更確切地說是為了得到更多光的裝置，感光度越高，就能得到更多的光線，ISO 是 International Organization for Standardization 的縮寫，一般來說，ISO 從一〇〇開始，到一二八〇〇等漸進增加值，依相機性能而定。二〇〇的感光性能比一〇〇強二倍，四〇〇的感光性能比一〇〇強四倍。感光度越低，照片的顆粒就會越小，進而畫質就會更好。

ISO 100

ISO 200

ISO 400

ISO 800

ISO 1600

ISO 3200

ISO 6400

ISO 12800

A 曝光補償-1

B 自動曝光

C 曝光補償+1

相反地，感光度越高，照片的顆粒子就會越粗糙，畫質也就會更差。

曝光補償

上面圖中的數字就是曝光補償的標示畫面。左邊有「－」的標示，右邊則有「＋」的標示。○指的是相機提供的自動曝光，越往「－」靠近，就會以一stop為單位慢慢變暗，「＋」的話，則是以一stop為單位慢慢變亮。+3的意思就是比自動曝光亮三倍。

一和二之間的小格子用於細微曝光補償，可以調到更精密的曝光。曝光補償也可以在AV（光圈優先模式）或TV（快門優先模式）在調整，可是在M模式（手動模式）中無法調曝光補償。

連拍

拍攝可以單拍一張照片或連拍，連拍時畫面會有標示。

白平衡（White Balance）

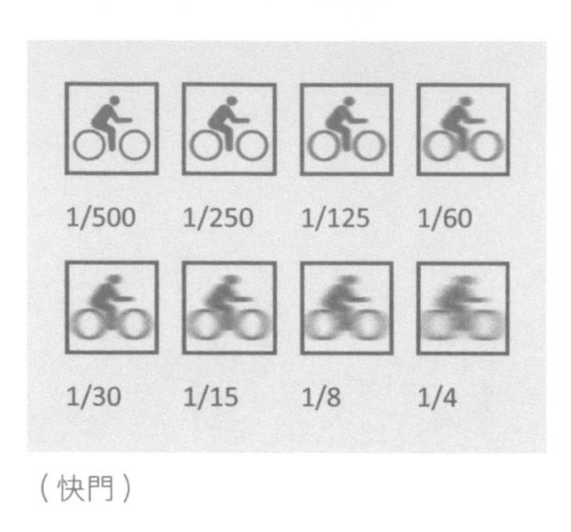

（快門）

（白平衡）
從左開始是 2500K, 3500K ,5000K ,8000K , 10000K

把光的變化用物理性的數值來表示的就是色溫（Color temperature）。色溫用絕對溫度（Kelvin）來標示，一般相機都是設定在白天的太陽光 5200°K。比這個基準更低話，會出現藍色；更高地話，會出現紅色。在日光燈下面拍照的話，會出現藍色，在路燈或白熾燈下拍照的話，則會像被紅色包圍。因此，為了拍出事物本身的顏色，就需要調整白平衡。一般來說，用自動設定時，相機就會自己調到適合的色溫，不過為了讓白平衡更加準確，使用者也可以使用事先設定好的自訂白平衡。

快門

快門可以控制底片曝光量。當光線透過光圈進來之後，快門就扮演擋住它或接收它的角色。快門速度越高，就適合拍快速移動物體的動作，例如運動攝影，快門速度越慢，就適合拍移動物體的動作的殘留影像。快門速度從三十秒開始到 $\frac{1}{2}$ 秒，$\frac{1}{60}$ 秒，$\frac{1}{125}$ 秒等，都是以秒為單位。一般來說，沒有三腳架的時候，快門用 $\frac{1}{60}$ 秒的話，照片就可能模糊。根據不同的機種，有 $\frac{1}{8000}$ 秒的高速快門相機，也有為了拍三十 秒以下的照片，使用者可以設定的 B（Bulb）快門。

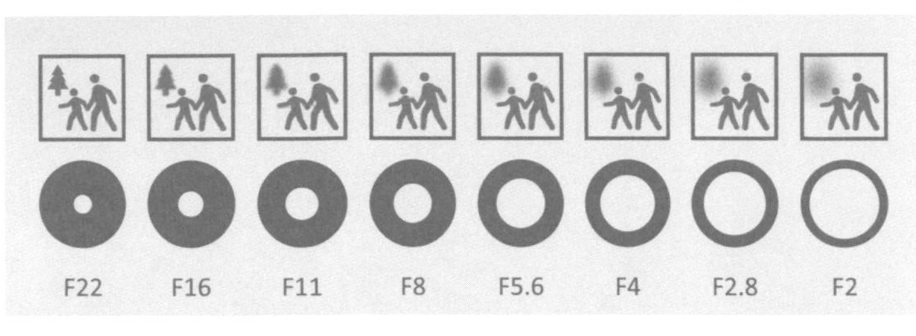

（光圈）

光圈

光圈（Aperture）就相當於人的瞳孔。眼睛的瞳孔越大，就會跑進來更多光線，瞳孔越小，可以接觸到的光線就越少。光圈決定了透過鏡頭的進光量。光圈打開或關閉的程度，稱為光圈值，用F來標示。

如上圖，用圖像標示出光圈值，這個數值稱為 Full Stop，以一 stop 為單位來變化，光量會多二倍或少 $\frac{1}{2}$。因此，F2.8 的光量比 F4 少 $\frac{1}{2}$ 倍，比 F5.6 的光量則少二倍。這個 Full Stop 最好一開始把它們死記硬背起來。

攝影模式

一、B（Bulb）　B快門是指按下快門鍵的時候，快門簾就會打開，手從快門鍵移開時，快門簾就會關閉的快門。適合拍夜景、星星等，或是拍下被拍體移動的殘景。如果容易手晃的話，那就一定要使用三腳架。

二、M（Manual）　這是手動模式，使用者必須手動設定曝光和快門速度。適合使用者想要根據自我意願來拍攝時。

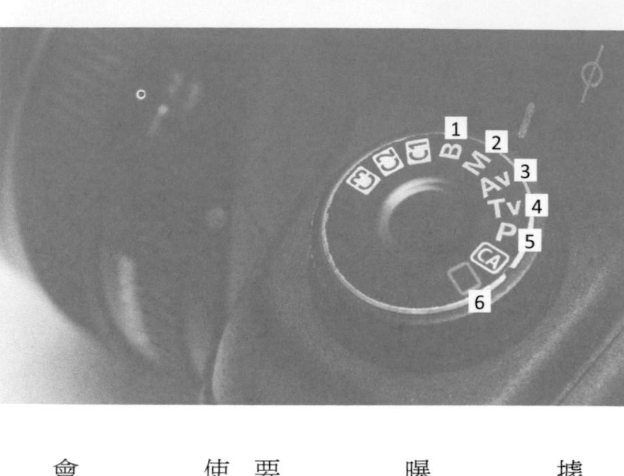

（攝影模式）

三、Av（光圈優先模式）使用者先設定好想要的光圈後，相機再自動根據設定好的光圈來自動曝光，並決定快門速度。大多時候用於拍景深。

四、Tv（快門速度優先模式）使用者先設定好快門速度後，相機再自動曝光，並決定光圈。適合拍移動的物體。

五、P（Program）這個是相機已經自動把快門和光圈設定好，使用者只要調整曝光後，按下快門就可以。這並不是完全自動，像感光等功能還是需要使用者直接設定。

六、AUTO（完全自動）光圈、快門、感光、白平衡等所有功能，相機都會自動設定。

鏡頭

一般鏡頭都用鏡頭焦段、鏡頭光圈和鏡頭口徑來標示。24mm的意思是鏡頭的固定焦段是24mm。二・八的意思是指鏡頭的最大光圈值。52mm指的是鏡頭口徑大小，要買過濾鏡的時候，一定要買一樣大小的。

70～200mm
望遠變焦鏡頭
長焦鏡頭，可以拍到很遠的被拍體。拍人物時會有壓縮的透視感。

24～70mm
標準變焦鏡頭
同時具有廣角、標準和望遠等焦段的標準變焦鏡頭，適合各種拍照。

17～40mm
廣角變焦鏡頭
短焦鏡頭，適合拍寬闊的風景和近拍被拍體。看起來透視感會被誇大。

50mm
標準鏡頭
跟眼睛看出去的焦段相同的鏡頭，擁有F1.4的光圈和鮮明的鮮銳度。

所謂的旅行照片是什麼？

什麼叫做旅行照片？

「讓我們看到未知世界的照片跟影像不同，照片是一種客觀的藝術，收集照片就是在收集世界。」

這句話出自於美國著名作家蘇珊•桑塔格（Susan Sontag）所寫的『論攝影』。我們旅行的時候，為了收集豐富的經驗，手不曾離開相機。因此，每年都有數億張的照片透過部落格傳到網路上。如今，人們不只是可以看到他人的日常生活，還可以隨時看到世界有名的旅遊地點，即使不用去旅行，也可以透過照片享受那個地方的美好，隨著這種趨勢，拍攝旅遊地點的人物、風景、事物的旅行攝影師就開始成為一種職業。

首先，照片是非常厲害的記錄媒體，照片可以分成新聞照片、記錄照片、廣告照片、藝術照片等許多種。把世界上所有事物紀錄下來的就是記錄照片，旅行照片就如字面上的意思，旅行時拍下的照片。很難只用這句話來定義旅行照片，因為旅行照片在「傳達」意義上屬於新聞照片，又有記錄照片的特質。

旅行作家A前輩拍了無數張這塊土地的照片，世界上的所有變化如實地在他的照片中保留下來，他的照片是旅行照片，同時也是一種記錄。不過，從旅行本質上是指單純個人興趣的觀點來看，旅行照片跟一般的記錄又是不同的。

那麼，旅行照片的照片是怎樣呢？我們透過一張照片可以快速瞭解旅行地的景觀和資訊，「藍色的屋頂和寬廣的院子，在那裡整整齊齊地擺著裝著醬料的缸，然後在前面有兩隻跑得很開心的狗……」，可以用文字這樣來說明，但是旅行照片是一口氣就把所以資訊傳達出去。

旅行攝影師去旅行的話，那他們既是旅行者也是傳達者，因此，他們用跟當地人完全不同地角度去看旅行地並傳達出去。旅行攝影師仔細觀察旅行地具有的獨特文化、歷史、政治、風俗等，並透過照片把這些內容表達出來，照片中也同時流露出旅行者的感情。在旅行中感受到的愉快、寂寞、傷心等感情，都讓讀者們感到共鳴，旅行攝影師把旅行中的感受用照片來表達，讀者才能解讀出其中的故事。

像這樣，為了把在旅行地得到的資訊和感受傳達給讀者的角色就是旅行攝影師。這一點跟完全不用考慮別人，單純根據自己興趣拍照的業餘生活攝影師，是完全不同的。拍出來的照片或許看起來很像，但是照片中的意涵或作業方式是非常不一樣的。

旅行照片是透過旅行把世界記錄下來，也是看世界的一種眼睛。因此，旅行攝影師有時候要像蝸牛那樣緩慢行走，有時候又像為了覓食在空中盤旋的大鷹。也就是說，旅行照片中有自己想說的故事，也記錄了旅行地的資訊。

從旅行照片中看到什麼

就如同前面所說，旅行作家的照片跟一般照片是有點不同的，一般遊客只對眼前看到的事物感興趣，旅行作家則會觀察整體情況。讓我們來看看第129頁的照片。這是二〇一五年舉辦的水源話劇慶典的閉幕作品，「和平的祭台二」的公演照片。像這樣，當觀眾們把注意力都放在舞台上時，旅行作家把舞台上的煙火表演和正在看表演的觀眾們都拍下來。四張照片雖然都是在同一個地方拍攝，但是有不一樣的地方，是看整體表演或是看一部分。在這裡，對於看的情況就產生了差異性，在慶典的現場，有些人關注表演，有些人關注整體慶典，拍出來的照片隨著觀點不同就會不一樣，這時候，旅行作家一定要看整體也要看局部。

如果你是要把慶典的情況投稿給媒體的話，那就一定需要拍到整體情況的照片，因為只有這樣才能傳達出慶典現場氣氛。那麼，如果水源旅行是報導的重點，慶典只是附加的資訊時，照片又要怎樣挑選呢？選擇拍到慶典局部的照片是比較好的，因為照片佔的篇幅很小（資訊用途的照片大致上都只刊登小張），所以只要用公演局部場面來介紹就可以了。

這樣的例子非常多，迎接新年的旅行報導中，主頁上經常出現日出的照片，巨大的日出照片和拍到看日出的觀光客的照片是不同的。拍到看日出的人的照片，可以傳達出場所和情況，對於稿件的敘述是有幫助的，或是海面上太陽緩緩升起的構圖也是不錯。

關於健行的報導也是如此，樹林中有人的照片可以幫助讀者理解健行路線。相反地，一般旅客拍的旅行地照片就不一樣了，比起拍出整個旅行地，一般旅客通常是在如巴黎鐵塔等有名的景點前面拍紀念照片，還有拍有趣或好吃的食物，或自己感興趣的事物。

當旅行作家要投稿到旅行專欄時，就必須考慮到旅行地的整體和局部，為了寫文章而必須觀察周圍和注意整體情況，拍照也是一樣的，如果只透過風景或事物的一部分，想完整傳達旅行地的風景和文化等，是有限的。因此，旅行作家的照片總是會包含局部的整體情況，這也跟旅行專欄的主題有關。

旅行照片的好壞取決於事先準備

應媒體的邀稿到澳洲的墨爾本旅行，需要拍攝墨爾本夜景作為專欄第一頁的主要畫面，如果是自己去玩，喜歡怎麼拍都可以，可是是為了工作就不一樣，因為需要可以表現出旅行地氣氛的照片，這時一定要先注意的重點如下：

1. 在哪個位置可以拍出旅行地的特色？
2. 是夜景好？還是日出或日落好？
3. 可以拍出旅行地的季節感或氣氛嗎？

這些要素綜合之後，找出最佳的拍照場面。不過，第一次去的地方會感到很陌生，到熟悉之前需要花相當多的時間，況且在旅行地待的時間有限，為了解決這些問題，在去旅行之前，一定要先盡可能找許多資料參考。

在網路搜尋一下，就可以看到許多去旅行的人拍的照片，透過這些照片，我們可以推測出旅行地的空間特色，在那裡有哪些著名景點，季節和光線又是如何變化，都可以先瞭解，如果不事先做這些調查，到了當地就會被動地拍出一般的照片。

也可以參考相關旅行地的觀光局提供的照片，以及當地觀光明信片，這些照片大多數是專家拍攝的，通常都拍得非常好，以這資料為基礎就可以決定拍照順序。

我在拍照之前都會先去旅行地繞一圈，找出值得構成畫面的場所，也尋找可以取材的位置，更重要的是找出可以拍出主畫面的位置。接著，為了考慮天氣或時間的變化，主頁照片一定要從日出、白天風景、夜景，都必須一一拍下。如果是到海外旅行地取材的話，則是透過充足的調查後，在腦中熟記拍攝的路線。

第130頁的照片是韓國大邱近代文化遺產，胡同旅行時拍攝的照片，雖然走了很多條胡同，但是選擇這裡作為主頁照片的理由，是因為有狹小的胡同和台階，遠處還可以看得到教會的尖塔。在這條胡同等了很久，總算拍到來胡同玩樂的小孩，因為有了小孩出現，畫面也就變得朝氣蓬勃起來，為了拍出有光影的照片，選擇陽光從上面照射下來的午後時間。

第131頁的照片是墨爾本的夜景，在哪個位置可以拍出墨爾本的特色和異國都市的風景，每個人的觀點都是不同的，因此，選擇有纜車經過的福林德斯火車站、聯邦廣場、亞拉河等其中一個地方，來作為主頁照片。

如果不是像義大利的競技場、紐約的自由女神像、巴黎的艾菲爾鐵塔那種，一看馬上就知道是在哪裡的話，收集資訊就是必要條件，沒有比掌握旅行地特色更重要的功課了。

Tip

高容量的記憶體和備用電池

我們使用的記憶體像硬碟那樣都有讀寫速度，最新的記憶體和三年前的記憶體相比，讀寫的差異也會影響攝影效果。連續拍十張照片時，最新記憶體可以馬上讀取並儲存，相反地，很久之前的記憶體儲存和再次拍攝的時間都比較久，因此最好使用最新的記憶體。

對於長時間旅行，儲存照片是很重要的，我身邊的旅行作家較常用的儲存方法有三種：購買多個高容量的記憶體、使用手機的儲存空間、使用筆電。不論使用哪個方式都可以，但為了安全起見，一定需要重複備份。備份時，最好使用筆電或照片儲存裝置其中一個方法，因為從國外回來時，即使發現一部分照片不見了，沒辦法立即再飛去一次，所以備份是相當重要的。

等記憶體都滿了之後，才更換記憶體的習慣也不好，因為在換記憶體的那瞬間，有可能會錯過值得捕捉的畫面，為了不錯過按下快門的機會，要養成記憶體用到某程度就要更換的習慣。如果萬一不小心把還沒備份的記憶體內的照片刪除，就不要再使用那個記憶體，因為之後回國可以把照片再次找回來。

照片呈現的方式和拍攝方法

旅行作家投稿的媒體大致上可以分成平面和網路。平面媒體的刊登大部分至少有兩頁篇幅，分別是有主要的放大美圖及前言，另外是本文和資訊的頁面，這種是比較常見的方式，在刊登旅遊文章時，大部份都會有頁數的限制。

網路上的網頁畫面就不會像平面媒體那樣受限，現在無論在電腦或其它平板手機上，閱讀的功能都非常便利，照片上還可附上簡單的說明，也比較不受頁數限制。

平面跟網頁介紹旅行的方式是相同的，只是在看照片時，有其差異性。平面因為印刷的關係，照片的解析度需求高，能登出的照片量有限。相反地，網頁上的照片解析度比較低，照片的數量則不受限制。

那麼，在拍攝的方式會有不同嗎？平面會有主頁大圖，以及放在本文內的資訊用照片等。網頁的話，主要照片和資訊用小照片是分開的，網頁跟平面相比，照片會放比較小張，所以最好使用特寫拍攝。

平面照片的種類和攝影法

攝影師會拍出完美構圖的照片，旅行作家的照片卻有點不同，因為必須考慮到整個版型上可以適當寫出標題、引文、撰稿人等的空間位置。

第132、133頁的照片是以韓國麗水世博會為主題拍攝的，在許多張照片中選擇了這第四張去投稿，最後媒體的編輯選了第三張，拍攝照片是旅行作家的工作，但是文章呈現方式是編輯工作，這就是攝影師和旅行作家的照片成果會不同的原因。

網頁照片的種類和攝影法

你看過網路上的旅行專欄嗎？網頁上的照片比平面的照片小，最大約九百像素左右，縮小圖的話約五百像素。

為了讓網友清楚的看到網頁照片，讓我們想像一下拍攝一張走在樹林中的人物圖參考第136頁，拍攝網頁用的照片的話，要怎樣拍呢？拍攝的時候，人物要盡可能占據畫面，人物約占畫面六分之一的程度，如果把人拍得很小，那人的樣子就表現不出來。當然也可以剪裁照片來使用，可是就有可能產生畫質變差或焦距不對的問題。拍食物的時候，把食物重點特色拍出來，所以呈現的媒體不同，需要的拍攝方法也會不同，最好的方法就可以把各種方法都拍一遍，這樣把平面和網頁都考慮之後，再來拍照片，之後緊急需要時，就可以直接拿來使用。

3張照片中，（5）是原住民的圖騰雕刻，跟原住民身上畫的（6）很像，原住民的文化，透過雕刻和圖畫來表達。（7）是說明原住民是用哪種方式在彼此的身上畫出圖騰的照片。

1 水源華城行宮，24mm, ISO 3200, F4, 1/160sec
2 水源華城行宮，22mm, ISO 3200, F4, 1/400sec
3 水源華城行宮，17mm, ISO 3200, F4, 1/400sec
4 水源華城行宮，40mm, ISO 3200, F4, 1/640sec

1.2.聯邦廣場 3.福林德斯火車站 4.亞拉河

1

2

拍攝正在走路的旅行者照片。（5）是用於平面媒體的照片。（6）則用於網頁。其實兩張照片都可以用於平面，只是照片（6）裡的健行者更明顯，用於網頁時效果更佳。

1

1. Spread Cut

Spread的意思是「展開的面」，使用兩頁平面的照片通常稱為main cut，Spread Cut是可以表現出旅行地的主題、資訊、氣氛等的照片。

2

2. Full Cut

指的是放滿一頁的照片，跟Spread Cut不同，拍攝時是使用豎著方式拍，需要適當的構圖能力。

3

4

3. Half Cut

指的是占一頁1/2的照片，主要用於內文中的照片。

4. Quarter Cut

指的是佔一頁1/4的照片，主要用於說明附加資訊的時候，因為圖比較小，所以要使用可以看得清楚的特寫照片。

Clipping Cut

指的是把照片中需要的部分截取出來，用於需要特別註明的內文資訊。

旅行照片的拍攝技術

學拍照的第一步——構圖

名攝影師史提夫・麥凱瑞直針對照片的構圖，說過這段話：**「構圖是很重要的，但是規定並不是全部，重要的是自己可以享受拍照，拍出只屬於自己風格的照片。」**史提夫・麥凱瑞認為雖然照片的構圖很重要，但是構圖並不是照片的全部，他強調的重點是要根據拍攝的目的來使用不同的構圖方式。

所謂的構圖是拍出好畫面的第一步，拍照的時候，並沒有一定要遵守構圖的制式規則，但為了拍出好的照片成果，構圖是必須訓練的。為了拍出滿意的照片，需要用各種構圖方法去練習，進而慢慢培養出美感，有一個簡單的方法，就是三分法則，這也是最常被使用的構圖方式。

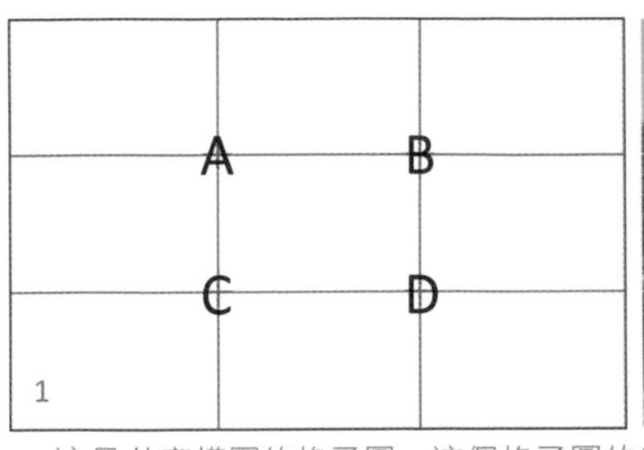

1. 這是井字構圖的格子圖。這個格子圖的底片是3：2樣式，除了一些相機之外，大部分相機都有內建格子影像。 2. 釜山海雲台的海浪波濤洶湧，衝浪者放在井字構圖的交叉點上，後面的島嶼就是背景畫面。

井字構圖

井字構圖指的是用橫線和直線分割成三等分之後，把被拍物體放在分割線的交叉點上，被拍物體也可以不用很準確地放在交叉點上，也就是說有點偏也可以。如果把被拍物放在C點，對角線的B也有令人感興趣的元素的話，畫面就會產生平衡感。使用這種方法來拍照時，被拍物和被拍物周圍的影像就可以維持一個穩定的畫面。有時為了確保被拍物在交叉點上，反而會使背景的水平傾斜，這一點要多加注意。

有時候，也會擺脫井字構圖的構圖原則，採用極端的構圖方式來表達自己的想法，如果說所謂的構圖是為了傳達畫面穩定性的方法，那極端的構圖，就是無視構圖的框架或構圖的重要性等，這種破壞原則反而會拍出令人印象深刻的照片，所以構圖只是一個過程。

1. 這是去韓國鎮川邑上溪里的路上，把拍攝杜鵑花的人放在格子的交叉點上。
2. 這張是沒有準確使用三分法則的照片，但把人看成一個群組又是遵守三分法則的照片。
3. 韓國安城市中有很多彌勒佛，位於竹山里的石佛立像前面有隻黃狗正在享受溫暖的日光浴。
4. 拍人物照也可以使用三分法則，把人物重要部分的臉放在交叉點上就可以。

1. 把游泳的小孩放在畫面有上端，海的留白處相當大，這個留白反而強調了人物。
2. 一般來說，人物眼前都會有比較多留白，因為旗子的關係，前面留白少，反而給人其他的想像空間。

維持平衡

前面提到的三分法則的格子，是為了讓畫面維持平衡的引導線。例如，電影中如果有縱橫四海的英雄，那一定也會有與之對立的壞蛋。為了突顯主角，電影中的配角也是非常重要的，照片也是如此，即使主角有放在適當的位置，但如果沒有配角，那畫面就會顯得平淡無奇。

平衡指的是視覺上的重量，看照片的時候，為了不讓被拍物看起來是傾斜的，必須在畫面上放置其他要素，看照片的時候，如果視覺重量不對的時候，會覺得有些奇怪。

Tip 照片的重點

照片中出現人物時，人就會成重點。人物中女性比男性更醒目，小孩又比女性更醒目。如果不是人物，動物、汽車、花都可以成為重點，而黑白比彩色更強烈，單純的事物比複雜的事物更強烈，單純的背景比複雜的背景更強烈。

3. 跟石碑相對點上有一個人物跟石碑形成對比，也使畫面有了平衡感。跟石碑相對應的人物或事物大小是不重要的。
4. 這是上岩洞的藍天公園，有一個人拿著傘走在芒草中，人物對角線的交叉點上有風力發電機，畫面維持了平衡。

誘導視線 Lead-In Line

用相機拍出的照片成果是平面的，即使是拍立體空間，其照片也是平面，那麼，在平面的照片上透過透視法有辦法呈現出立體感嗎？

我們在觀賞照片的時候，不一定可以一次看到整體，而是先從局部看起，透過左右或上下移動視線，把局部看到的要素組合在一起，就看到了整體。這種引導視線就叫做「Lead-In Line」，透過這條線，我們就可以感受到照片中的空間，Lead-In Line 並不是真的在照片中放上或畫上一條線，請看下頁的照片。

風景照片中通常以路作為 Lead-In Line。不過，除了路之外，還有圍欄、連續排列的樹、排得很長的隊伍、城市的巷弄等，都可以作為 Lead-In Line。而 Lead-In Line 除了可以是斜線，也可以是像S型的曲線，也可以位於照片的中間位置，Lead-In Line 會讓欣賞照片的人看到照片各個角落。

1. 位於韓國京畿道安城市思悼世子的王陵，陵墓跟祭殿之間有一排紅色的圍欄，我們的視線跟隨左邊的圍欄一路看到王陵。
2. 澳洲墨爾本坎貝爾長廊通道。

請看上面第二張照片。這是墨爾本的坎貝爾長廊的通道，這裡建於以一九六七年，徒步旅行的起始點。平行的長廊和天花板的照明、還有牆面越往長廊盡頭就越狹小，這個就叫做消失點。眼睛一路從前面的人物看到中間的女性，直到走廊最近的盡頭，消失點就是給予畫面立體感的透視法，而且 Lead-In Line 越長，眼睛停留在畫面上的時間就會越長。

這種 Lead-In Line 就是廣角鏡頭的效果，讓近的事物看起來更近，讓遠的事物看起來更遠，這就是廣角鏡頭的特色。廣角鏡頭雖然是適合表現透視法的好鏡頭，但是使用不當的話，會讓事物變得太過誇張與現實不符。

Lead-In Line 讓欣賞照片的人快速把視線集中到拍攝者想要表達的主題上，就像在黑暗房間內，眼睛會先注意到透過窗戶，照射進來的光線，或是在洞穴內的時候，比起黑暗部分會更注意到洞穴入口處的光亮，Lead-In Line 是可以誘導他人視線並留下深刻印象的方法。

1. 澳洲南部平原上的道路，延伸到地平線的道路就是Lead-In Line，視線隨著道路看到路的盡頭，可以想像出澳洲的幅員遼闊。
2. 從韓國聞慶山城上看到的風景，山城的圍牆就是Lead-In Line。城牆的路橫貫整個畫面，穿過鎮南門後，一路連接到石峴城，沿著城牆走的人們也是往石峴城方向移動。
3. 尼泊爾加德滿都的西藏寺廟，五色彩旗連到智慧塔頂上，旗子就是作為第三隻眼睛來引導的線。
4. 新喀里多尼亞海邊的椰子樹的影子在搖晃，影子成斜線方向把大家的視線吸引到女性的腳下。
5. 美麗島，人們排成一列，手上拿著的網就是Lead-In Line了。

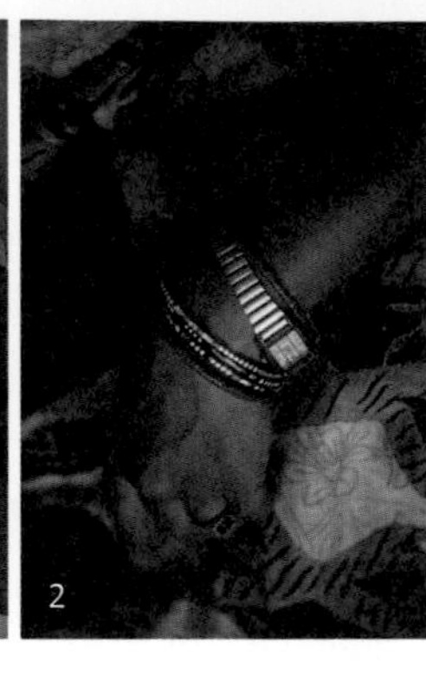

1.2.尼泊爾賈奈克布爾JWDC

拍照根據目的而不同

繪畫的構圖是在完全空白的畫面上根據畫家的想法畫上東西，在白紙上畫上花瓶，或是畫出蘋果和葡萄花漾的盤子，這個叫做添加的藝術。相反地，照片是透過螢幕來表現出拍攝者想要呈現的事物，關鍵在於除了被拍體之外，把其他不需要的東西拿掉，照片跟繪畫不同，照片是減少的藝術。

決定要多加什麼或拿掉什麼的過程就叫做構圖 Framing，Framing 的 Frame 就是指四角的框架，也是指邊框，我們透過相機看世界的視窗也是一個四角框架，構圖就是在視窗內適當配置後構成一個畫面。

就像從一塊大蛋糕中切出一塊來吃，我們把看到的世界的一部分切下來（裁切 Cropping），所以跟眼睛看到的整體風景不同。也就是說拍攝者是根據這個目的來拍攝的，拍人的整體樣貌時，要把那個人的外貌和身體、髮型、穿著等都拍出來，但是只拍身體一部分的話，那個人的其他資訊就有很大的想像空間，因此，即使是同一個被拍體，觀賞者的角度也根據照片而不同。

構圖雖然是把眼睛看到的事實拍下來，但是每個人的解讀有可能與事實不同，構圖是拍照的樂趣，有時候也會成為武器，因此，拍照與其說是構思，還

相同空間的三張照片：
1. 這是畫著以前韓國大邱藥令市的壁畫，可以知道這裡是嶺南大路的一部分。
2. 看不到道路，只拍出壁畫，第一張照片可以看出嶺南大路的地理資訊，這張只看到壁畫。
3. 因為有了人物登場，比起地理資訊，這裡展現出壁畫跟人之間的關係。

不如是構圖，構圖是拍攝者在某一瞬間拍下某部分的過程。

決定好被拍體和背景之後，就要決定要橫拍還是直拍，橫向畫面跟人的視野很像，也可以看到較多的背景，所以常常被使用。同時，橫向畫面可以有效地拍出包含被拍體的周圍氛圍。直向畫面可以拍出被拍體的高度、緊張感、深度等，但是比橫向畫面更難構圖。

4.5.直向可以感覺得到被拍體的高度和威嚴，橫向跟直向相比，就顯得平和。

構圖中的構圖

如字面上的意思，在構圖裡面有還另一個構圖，這種方法可以有效地強調被拍體，人總是本能地在黑暗中找尋光線。

1. 澳洲墨爾本。汽車玻璃窗上有許多風景重疊在一起，玻璃窗就是構圖中的構圖，亮的部分是雲和藍色的天空，暗的部分是路上的建築，所以從暗的部分可以看出汽車內部的樣子，汽車的玻璃窗就是表現非現實風景的構圖。
2. 韓國全南珍島郡觀梅島海蝕洞穴。雖然説是構圖中的構圖也不一定非要是四角型，窗戶上照出的風景或水面中反射出的風景，或者從洞穴或建築內往外看的風景等，反而會看到更不多同風貌。

3. 澳洲墨爾本的維多利亞國立美術館。比起複雜的背景，單純的背景構圖效果越好。不過這裡需要適當的空間配置，構圖中的構圖如果小的話，那暗處的留白就要多一些，因為要表現的部分越來越小。
4. 韓國群山新興洞日本式家屋。透過大門的洞看往裡面，因為很接近大門拍，所以沒能對準焦距，大門顯得很模糊，而建築則被拍得很清楚，就像拍著鑲著畫框的畫。

拍攝角度是重要關鍵

有一天，家人問我有沒有可以把人物的腿拍得很修長的相機，我說當然沒有那種相機，不過透過廣角鏡頭，就可以拍出這種效果。如果想把腿拍長，拍攝者可以蹲在地上，由下往上拍，這時候就可以把腿拍長。相反地，當大人站著往下拍小孩的時候，小孩的頭會變大，身體會顯得較小，就可以拍出可愛的感覺。這跟自拍時，把相機拿高後，由上往下拍是一樣的道理。

如前面所說，拍攝者看被拍體的方向就叫做角度。角度不同，照片也會產生不同的變化，根據角度的使用方式，照片的氣氛就會不同。角度也適用於心理學，不只是單純的角度差異，也是拍攝者的思想差異。

廣場上聚集了許多人，演奏的街頭樂師，賣冰淇淋的小販，還有甜蜜的情侶，以及正在看書的女性等，在這個畫面裡面，假設我是面帶微笑看著他們，也跟某個人愉快聊天著，那我也成為廣場上的一部分。

如果我們站在某個建築物的頂端往下看廣場的話，會怎樣呢?可以看出我跟廣場上的所有人都有段距離，並沒有跟他們產生協調感，而是像觀察者那樣看著他們。看著廣場上所有事物的立場就會產生「視覺上的支配感」，當然也就無法融入廣場，在廣場內看著人們，和從高處往下看廣場的差異就是角度。角度是根據拍攝者想法來表現的方式。一般來說，經常使用的有標準角度、高角度、低角度，還有其他角度會用於拍攝影片，例如被稱為鳥的角度的 Bird's Eye View，最近就有許多作品是搭著直升機來拍攝。

1. 在韓國臨津閣望拜壇前面拍紀念照。
2. 位於韓國和順郡細良里的細良堤。春日的時候，早上水霧上升的景觀，是吸引許多人前往的原因，拍攝的角度雖然簡單，但是氣氛非常平和。

標準角度（Eye Level）

標準角度是用拍攝者的水平視線去看，可以拍出穩定的畫面，不過同時也是較為單調的畫面。因為是從自身的基準去看，所以會反應出許多個人感受和想法，也比較現實。這種根據事實來拍的角度，常使用於新聞報導照片、紀念照片等，如果是要拍攝人物的話，人物的眼睛高度跟鏡頭的角度是非常重要的。

高角度（High Angle）

高角度是指從高處看被拍體。電影中要暗示事件發生的空間，也就是看建築內或街景等場面時，主要都是使用高處拍攝的方式。從觀察者的立場來看，會有視覺上的支配感，也會引導出客觀的視線，並且加強安定、平和、冷靜感，用高角度拍攝時，可以拍出很好的景深效果。

低角度（Low Angle）

因為是從比被拍體更低的角度往上看，所以也稱為小狗視線，這種方法很容易拍出偉大、壓迫、巨大、威風等感覺，主觀性也很強，通常都會省略背景

1. 韓國扶安郡舉辦的稻草人遊戲場面之一。村里的大人們正在編稻草人，拍攝者透過小孩來展現視覺上的支配感，使用廣角鏡頭讓小孩較大，而大人們反而看起來很小。
2. 韓國任實郡國師峰玉井湖的日落風景。照片中可以看到適合開車兜風的749號公路，透過高角度拍下壯觀的風景。

3. 韓國釜山寶水洞書店胡同的風景。因為是使用低角度拍，所以女性的腿看起來很長，看起來很高。
4. 韓國谷城郡火車村的蒸氣火車行走的畫面，是從鐵路下面往上拍，跟標準角度或高角度不同，天空的部分較大，背景很單純。

或是淡化背景，只強調被拍體，可以非常有效地單純化被拍體，如果用廣角鏡頭來看，會更加誇張。

連續的重複圖案

重複圖案是指透過一定的間隔來重複圖案或顏色等。有關重複圖案的風景在周圍是很容易找得到，例如：用韓紙做出的窗格、紡織品的紋路、磁磚、牆壁，還有固定大小的稻田等，這些都是重複的圖案，雖然畫面簡單，但是透過連續的重複可以感受到律動感。

重複具有很強的效果，被拍體重複的時候，會比看單獨一個的時候，感覺更加壯觀，那種規模會讓人產生一種壓迫感。其實，也有看不太出來的重複圖案，除了圖案或顏色之外，還有其他共同點，我們都會認為是相同東西的連續，就像布上的圖騰，其實不是相同的圖案也具有一樣效果，因為我們會自動把類似的圖樣，當成同一個類別。

在尋找風景的時候，觀察那個地方是否有重複圖案的特徵是非常重要的，有重複圖案的地方在哪裡、規模多大、是屬於哪種特徵、在哪裡可以看到全貌等，這些事情都要提前掌握，背景是重複圖案的話，同時裡面有其他型態、相反的要素、阻礙重複圖案的要素時，就可以拍出與眾不同的照片，這些小變化可以打破重複圖案的無趣感，也可以讓畫面更加生動。

1. 最能表現重複圖案的風景就是韓國全南寶城大韓茶園。
2. 韓國安東默溪書院屋頂上的瓦，整齊排列構成重複圖案。
3. 韓國水源華城最華麗的建築之一——訪花隨柳亭的牆，十字模樣的重複圖案就像星星在閃閃發亮。
4. 秋史古宅的牆，牆上石頭的模樣跟顏色都不同，但排得非常整齊也是重複圖案的一種。

5. 韓國論山的伊拯古宅，整整齊齊擺滿地面的醬缸構成了壯觀的重複圖案。
6. 韓國安城市可以看到的鼓舞表演場面，舞者一致的身段構成了重複圖案。
7. 韓國泰安新斗里的晚霞，退潮之後，留下的波浪形狀也是重複圖案，單純的畫面上透過兩個人產生變化。
8. 韓國華川郡的鱒魚慶典場面，體驗者和觀看者繞著池子構成了圓形的重複圖案。

攝影跟光線密不可分

照片是用光畫出的圖

旅行的時候，天氣是很重要的，天氣晴朗時，拍出來的照片感覺會很棒，旅行的浪漫也可以透過照片表現出來，但天氣不可能總是如人所願，所以攝影時總是難免不安。

有光線的時候，拍攝當然會很順利，成果也會更好。沒有光的時候，照片通常都較灰暗，下雨的時候，有時是根本拍不了。可是，並不是說天氣不好，就不能拍照了，只要根據當天的運氣去拍就可以了，下雨的時候、滿天烏雲的時候、下雪的時候等，只是會比晴天拍攝再辛苦一點。

光的方向不同，成果也不同

首先，我們來看一下光的種類，光一般指的是太陽光，大致上可以分成兩種，直接照在被拍體的直射光，以及透過雲或樹葉遮擋後照射的擴散光。擴散光比直射光更柔和，直射光可以把亮處和暗處都完全的

1. 直射光
2. 擴散光
3. 順光
4. 散射光

照亮，擴散光則是均勻地把明處和暗處打亮，通常擴散光會使人感覺很舒服，也常用於拍攝花草或樹木等靜物。

直射光可以分成順光、散射光、側光、逆光

順光因為直接照在被拍體的整體，所以被拍物的顏色、質感和細節都可以拍得很清楚，但是顯得單調。散射光是從被拍體的正面或側面約四十五度的角度照射進來的光，比起順光會讓被拍物顯得更立體，通常也稱之為林布蘭式照明（Rembrandt lighting），是適合拍風景或人物的光。側光比散射光更能拍出強烈感，但是照片的暗處也比散射光多，逆光是從前面照向拍攝者的光，可以把被拍體拍成剪影，因為光線不足，照片成果就會比較單純。逆光很難調整好曝光，但是只要比自動曝光更亮一點的話，就可以拍出華麗感；比自動曝光更暗地話，就會拍出強烈感。

除此之外，還有頂光（Top Light）和足光（Foot Light），其中頂光是指正午的時候，從頭頂照射下來的光，這是不適合拍人物的光，但卻能拍出海面或湖面上照出水波粼粼的光。相反地，足光指的是從下面往上照射的光，一般足光都是人工照明，用於拍攝人物的話，就可以拍出恐怖電影的感覺，如果拍城

1.側光 2.逆光 3. 頂光 4.足光

市中的公園或建築物時，可以突顯建築物，呈現出華麗感。

陰天的拍照技巧

烏雲密布的時候光線很灰暗，比起晴天，快門速度也會變慢，這種天氣下，如果用適當曝光來拍照的話，很容易拍得很灰暗。即使雲層很厚，還是可以提高曝光來拍照，這就叫做「高色調（high-key）」。梅雨季節的時候，粗大的雨就像是窗簾讓天空顯得灰濛濛，只要開大光圈，然後提高ISO（感光）來確保快門速度後，就可以拍照了。

Tip

高色調和低色調

高色調是以亮處為中心，低色調是以暗處為中心。簡單來說，是把亮的部分拍得更亮，暗的部分拍得更暗的關係，所以高色調不能把亮處拍到看不見，低色調不能把暗處拍到全黑。如果說高色調是明亮輕快的，那低色調就是悲觀和沉重。

1.～4.韓國全州韓屋村小巷，可惜下起了雨，當天在小巷內全部都用高色調來拍照，比適當曝光增加+1STOP來拍攝，可以更風景顯得更明亮清晰。

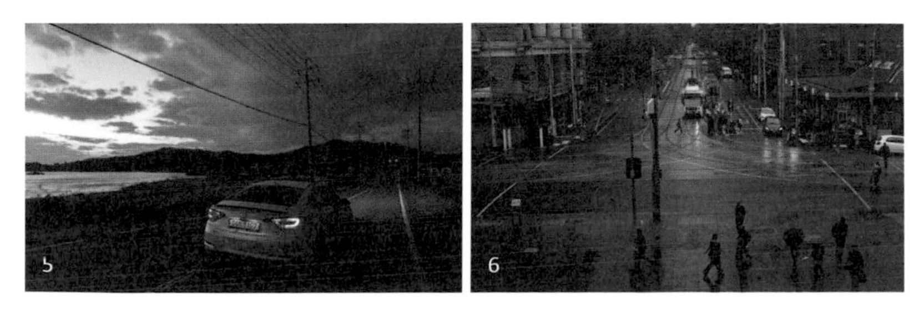

5. 太陽下山後回家的路上，以黑暗籠罩的道路為中心，讓車子是清晰的，就用低色調來拍攝。
6. 雨下得淅瀝瀝的路上，雖然是白天下午1點30分左右，因為烏雲密布的關係，天空很灰暗，為了拍出這種感覺，就使用了低色調。

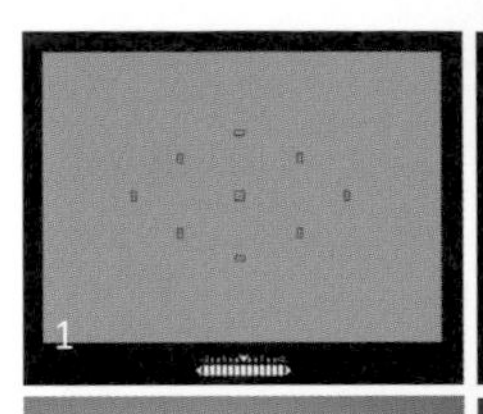

1. 這是相機一般的曝光功能，用18%的灰色來預測物體的亮度和暗度。
2. 拍攝者透過螢幕看到的畫面，要拍得更暗或更亮由拍攝者決定。
3. 韓國全州牛島的海灘，比自動曝光增加一級來補償曝光後拍攝。
4. 韓國濟州島海邊，比自動曝光減少一級來補償曝光後拍攝。

亮和暗的拍攝

如果沒有光，我們什麼也看不到。我們是根據光的反射、吸收、透射、折射來看事物，根據光來掌握事物的型態，也用來辨別事物的顏色，所以拍照就是透過光來表達顏色及現象的過程。

我們使用的相機是透過光圈和快門來運作的，這兩個部分共同控制光量的原理就叫做曝光，曝光高低不同，其照片成果也不同。所有的相機內都有自動曝光這個功能，這是製造商為了讓使用者更方便拍照的技術，但同時這也是一個陷阱。

相機內的曝光功能是以白色到黑色之間的亮度，約為十八%的灰色為基準來運作。當拍攝白色雪景的時候，會把白色拍成有點暗的灰色，而當拍攝暗一點的事物時，因為相機想要拍得亮一點，就會增加曝光，導致發生快門延遲（shutter lag）。

曝光不是由相機來判斷，而是由拍攝者來決定，要拍得更亮呢？還是拍得暗一點呢？根據拍攝者的想法作出判斷後，拍出最佳的照片。

夏天，想要拍出深藍色的海和天空時，要選擇比自動曝光更暗的模式，如

1. 濟州島如美地植物園的紅蓮，自動曝光
2. 濟州島如美地植物園的紅蓮，減少一級曝光
3. 韓國扶餘宮南池的紅蓮，自動曝光
4. 韓國扶餘宮南池的紅蓮，增加一級曝光

果不是深色，而是想拍出明亮感覺的話，就要採用比自動曝光更亮的模式。

讓我們來看看上面的照片，拍攝紅蓮時，如果用比自動曝光更暗的方式來拍，就可以拍出深粉色，周圍環境則比較暗，這樣被拍體就會更加明顯。相反地，透過逆光來拍攝時，因為用比自動曝光更亮的方式，所以天空會更明亮，花蕾也同時顯得更透亮。

根據拍攝者的意思來控制曝光時，M模式是很適合的。不過，如果不熟悉功能的話，M模式反而會成為阻礙，所以要使用曝光補償，所有相機都有曝光補償的按鍵，只要使用這個功能，就可以簡易地控制曝光，也可以快速拍照。

黃金時間和藍色時間

旅行作家一整天大部分時間都在旅行地度過，觀光客可以選擇自己想去的地方。可是旅行作家是要去工作的，那個景點是哪個時段去比較好，或是一定要那個時間點去等等，都一定要準確掌握時間。

旅行作家的拍攝時間是從凌晨到夜晚，因為光線時時刻刻在變化，並不是單純只有白天和晚上而已，即使相同場所，早上、下午和晚上的風景都會不同，

1. 從韓國德裕山的香積峰上的風景，日出後，溫暖的橙色光芒覆蓋著冬天的山。
2. 澳洲大洋路的風景，下午被夕陽紅色光芒照射的岩石，比上午的岩石顯得更加壯觀。

光所呈現的質感也是不同的。

其中，凌晨時像是被藍色濃霧包圍的曙光，太陽升起和下山的時候，則是像被金黃色光芒壟罩的溫暖大地，太陽下山後，有晚霞的夜景是最佳拍攝時間。一天之中有兩個最適合拍照的時間，被稱為浪漫之光的黃金時間和藍色時間。

黃金時間（Golden Hour）

黃金時間指的是太陽升起後和下山後的時間，也是一天開始和結束的最寶貴時段，照射出溫暖橙色光芒的浪漫時間，反射出來的光線把所有眼前事物染得通紅。

藍色時間（Blue Hour）

藍色時間指的是太陽下山後，太陽再次升起前的時間。也就是黃金時間發生之前和之後的時間，被稱作曙光，是日出前和日落後，天空微微發光的現象。藍色時間的天空沒有完全暗，也沒有完全亮，是世界被藍色光芒包圍的時間。太陽光慢慢消失的藍色時間是非常特別的，如果還有薄薄的雲層，浪漫的晚霞慢慢垂下時，這是拍攝夜景的最佳時間。

3. 墨爾本的夜景，夜景在藍色時間拍的時候，很容易調整曝光。
4. 日出前，露出微微的曙光，比太陽完全升上來時更加浪漫。

三腳架

去旅行的時候，煩惱之一就是要不要帶三腳架？在打包的時候，無數次把三腳架放入行李箱內又拿出來，因為三腳架很重，使用時要拿出架好，使用後又要重新收起來，這個過程很麻煩。不過，三腳架具有可以讓我們心甘情願接受這些不方便的威力。因為三腳架可以用於低速快門和近拍，也可以在旅行中讓拍攝者也成為被拍者，我有位學弟就跟女朋友帶著婚紗和禮服，一邊旅行一邊自助拍婚紗照，三腳架是回憶中的一大功臣。

最近，越來越多旅客玩起Time Lapse拍攝，Time Lapse拍攝指的是把相機固定在三腳架上後，進行間隔別拍攝。以10秒為間隔的話，拍攝100分鐘就可以拍出600張照片，600張照片再編輯成影片。建築物不動，只有人在移動的Time Lapse拍攝，如果沒有三腳架是不可能做得到的。

1. 菲律賓巴拉望島，24mm，ISO 800，F2.8, 90sec。夜空中滿天的繁星非常浪漫，為了拍到銀河，就必須有1分30秒的曝光。因為要接收很多光量，所以光圈要開到最大，且使用三腳架由下往上拍攝。

2. 用橫式拍出5張照片後，透過photoshop連結成全景照片。這是先立好三腳架後，讓相機保持水平來拍攝。照片稍微拍得有點重疊，比起廣角鏡頭，使用50mm的標準鏡頭來拍攝時，可以減少扭曲也更容易連接，拍攝時曝光值都要統一。

留下時間的痕跡

相機是留下時間的工具，透過一千分之一秒的快門速度可以拍到田徑選手跳躍的畫面，也可以透過打開長達一個小時的快門，來拍到夜空中的滿天繁星。快門是決定數位相機的感光元件，CMOS可以多長時間接受光的裝置，透過這種快門時間可以拍出與眾不同且令人好奇的照片。

通常把長時間的快門時間稱為長曝光，長時間曝光的話，固定不動的物體不會有變化，但是移動的物體就會留下殘像，最具代表的就是溪谷的流水。快速的快門甚至可以拍到水滴，但是慢速的快門就只能拍出水滴落下的痕跡。透過這種長曝光可以把眼睛看得到，但是隨著時間流逝會消失的東西拍下來。拍出移動物體的痕跡這一點，也比一般靜止的畫面更加有趣。海浪拍打在卵石的時候，會留下波浪的痕跡，就像霧氣散開的感覺，也可以拍出這種特別的照片。

要拍出這種效果，通常是在光線不足的晚上，不過光線充足的白天也有道具可以做到長曝光，那就是ND濾光鏡。ND濾光鏡不會對拍照成果造成任何影響，只是減少光亮的功用，濾光鏡裝在鏡頭上，就像戴上太陽眼鏡一樣，拍起來比較暗。這就是光量減少的效果，透過這種濾光鏡可以在白天做到長曝光，如果是一定要打開光圈的時候，但因為光線太強無法使用高速快門時，就會有輔助的作用。

1. 韓國莞島郡正道里九階燈的卵石海邊，60mm , ISO 320, F20 ,1sec。透過長曝光拍出海浪拍打的痕跡，卵石是長曝光拍攝的好素材，其中莞島郡正道里九階燈的卵石海邊，是最適合拍攝的海邊。
2. 韓國濟州島的加波島青麥地，135mm , ISO 100, F4 ,1/20sec。透過長曝光拍出眼睛看不到的風的痕跡，可以直接感受到刮著風的濟州島臨場感。

3. 韓國首爾綠莎坪的天橋，40mm , ISO 100, F22 ,11sec。透過低速快門拍到汽車後照燈的軌跡，必須使用三腳架。
4. 韓國濟州島鴛鴦瀑布，40mm , ISO 400, F8 ,1/8sec。因為瀑布的水柱很強，所以稍微調整快門速度就可以把水柱拍得柔和些，如果水柱不強，那就可以增加曝光時間。

5. 墨爾本中央購物中心，28mm , ISO 100, F8 ,1/30sec
6 墨爾本中央購物中心，28mm , ISO 100, F8 ,1/2sec。快門速度不同，拍攝出來的效果也就不同。跟前一張比起來，採用慢速快門的這張拍出了顧客們移動的軌跡，呈現忙碌感。像這樣因為快門速度不同，即使在同一個空間也可以拍出完全不同效果的照片。

1. 韓國濟州島海邊，30mm , ISO 100, F11, 76sec。在曙光時間，海上所有事物都靜止，可以使用ND400濾光鏡來減少光量拍攝。
2. 海邊的燈塔，21mm , ISO 100, F8, 40sec。使用ND400濾光鏡來拍出，到達濟州島的飛機尾燈軌跡。

1.2. 韓國坡州臨津閣的625戰爭時被炸毀的火車。光線是從火車後面照過來，如果使用自動曝光，火車就會很暗，所以使用閃光燈來拍就很清楚。

長曝光拍攝有幾點需要注意。首先，因為是長曝光，所以需要沒有搖晃的環境，也就是三腳架是必須的。第二，如果快門時間是三十秒的話，使用相機內建的計時器就可以拍攝，但曝光時間更長時，就一定需要快門開關。

Tip

ND濾光鏡（Neutral Density Filter）

在鏡頭上疊上ND濾光鏡，就像戴上太陽眼鏡。

ND濾光鏡是可以減少進入鏡頭光量的鏡片，可以把它想成是太陽眼鏡或是汽車車窗的遮陽紙。主要用於白天需要用到慢速快門的時候，在鏡頭裝上ND濾光鏡後，相機內設定的曝光值即使遇到側光也不會對被拍體的顏色產生影響。光量要減1/2時，使用ND2；光量要減1/4時，使用ND4；光量要減1/8時，使用ND8；光量要減1/400時，使用ND400，以此類推，還有ND1000等。

使用ND濾光鏡的拍攝法有很多種，在白天必須透過降低快門速度來拍攝的變焦攝影；想把瀑布的水柱拍清楚時；要拍出波浪打在岩石的景象時等都用得到。還有當光圈開到最大時，還可以拍出景深。因此ND濾光鏡是一定要具備的濾光鏡。

3.韓國濟州島訪仙門溪谷上的岩石，岩石上刻有「訪仙石」三個字，因為岩石內部很暗，外部很亮，所以使用閃光燈來補償文字的曝光，這樣暗處的文字也可以清楚拍出來。

另一個太陽——閃光燈

旅行時，一定要帶的裝備之一就是閃光燈了，光是要列出閃光燈所有好處，就可以講很久了。在光線不足的時候，閃光燈就像太陽那樣提供光線，在逆光的時候，可以用於補償被拍體的曝光。日出的時候，被拍體比較暗，就可以透過閃光燈的功能，同時拍出日出和被拍者，萬一只調整被拍者的曝光，那我們就看不到紅色太陽，而是拍出背景是白色太陽的人物照片。

還有，當光線不足時，可是又想拍出細節的時候，閃光燈非常好用。例如：上圖中想要拍到刻在洞穴內的文字時，把洞穴的特色和暗處的部分都一起拍出來，就是透過閃光燈的幫助。

數位相機、高階相機、微單眼、普通型DSLR，都有內建的閃光燈可以使用。不過內建閃光燈光量不強，且只能用於正面提供光，在使用上還是有所限制，因此需要的是外置的閃光燈。只是外置的閃光燈價格也比較貴，使用上也比較麻煩，如果不知道如何使用閃光燈，就會讓閃光燈變成毫無用處的行李之一，讓我們來看看外置閃光燈的最簡易使用方法：

1. 南半球最高建築尤利卡大樓通往觀景台的電梯內，地面不是透明的，而是一幅畫，透過拍出電梯地面，來表達充滿緊張感的空中觀景台之旅開始。
2. 閃光燈也可以用於拍攝食物，為了把食物拍得明亮，且兼顧周圍環境，使用閃光燈的天花板反射光來拍攝。

如何操作外置閃光燈

外置閃光燈的燈頭要可以自由轉動，透過這樣的裝置，就可以進行反射閃光（Bounce）的拍攝。所謂的反射閃光拍攝，是把閃光燈的燈頭上下或左右轉向牆壁或天花板來製造反射光。例如：側面反射的時候，被拍體的側片照到光；天花板反射時，是被拍體的上面照到光。反射光比直接照在被拍體的直光更加柔和。根據反射面的牆壁或天花板的距離，照片成果也會不同，越靠近反射面，光量就會減少，反之，越遠離反射面，光量就會增加。

外置電子閃光燈補償曝光

外置電子閃光燈也有補償曝光的功能，透過這個功能就可以調節照在事物上的光量。是不是曾經有過使用閃光燈之後，拍出的照片中被拍體很亮，但是周圍環境很暗的經驗，這是因為被拍體和背景的距離太遠，或是被拍體和背景的曝光差異很大的原因。只要調整閃光燈的光量，就可以避免拍出只有被拍體明亮的現象，前提條件是被拍體和背景都屬於自動曝光。

1. 照片是在韓國益山彌勒寺拍攝的，為了拍清楚烏雲和奠基石，使用了閃光燈，閃光燈的曝光調為-1 級。
2. 黑暗的室內使用閃光燈來提供光線，照片是閃光燈的曝光調到-1級來拍攝的。

1. 這是透過後簾同步來拍攝的照片。瀑布用4秒的長曝光來拍，移動的被拍體就會只拍到殘像，為了補償這一點，可以使用後簾同步來拍攝，這樣拿著氣球的人物也可以清晰地拍出來。
2. 使用TTL功能拍出公演結束後的場面，相機的拍攝模式調到P模式，使用TTL時，相機會自己計算曝光後，傳達給閃光燈來發出適當的光量照射被拍體。

TTL

TTL是「鏡後測光 Through The Lens」的縮寫。它指的是把透過鏡頭進來的光源資訊，提供給拍攝者，閃光燈的TTL功能是把閃光燈裝在鏡頭後，按下一半快門時，就會有預備的發光，透過這個預備的發光，鏡頭就會計算進來鏡頭的光的亮度，並把這個資訊傳給閃光燈後，拍攝者只要再次按下快門，閃光燈就會根據自動曝光來發光。只要有這個功能，就可以非常便利地使用閃光燈。具有這種TTL功能的相機和閃光燈都可以使用這個方法，手動閃光燈就沒有這個方法，拍攝者必須手動去一一調好發光量後，才能打光。

前簾同步和後簾同步

我們常常使用的DSLR相機內都會內建「焦平面快門（Focal plane Shutter）」。焦平面快門是由前簾和後簾這兩個簾組成，主要是上下運作，這個前簾和後簾打開和關閉的速度就是快門速度，把它們想成是捷運的車門（前簾）和站台的門（後簾）就可以，在捷運月台上車門會先打開，然後才是月台的門打開，快門簾也是這樣運作。

按下快門後，前簾（捷運車門）先打開後，根據快門時間，後簾也隨著關閉。前簾和後簾間有一定的間隔時間（開放光的時間），在這個間隔時間之內，把光帶到感光元件，當後簾關閉後，也就拍攝完成了。

那麼，同步速度又是什麼呢？同步速度是指閃光燈和相機同步的切入點。前簾和後簾之間的間隔時間（開放光的時間）完全打開時，就是最大快門速度的同步切入點，也就是所謂的同步速度。慢速同步有前簾同步和後簾同步，前簾同步是前簾完全打開的瞬間，閃光燈就發光的功能，後簾同步是指閃光燈後簾快關閉前發光的功能。

例如，如果是要拍太陽下山前，在路上慢跑的人，因為光線不足，快門速度也變慢，所以需要使用閃光燈，因為前簾同步是快門打開瞬間，閃光燈就會發光，所以跑的人物被清晰拍出來，但是因為有快門打開的期間，所以人往前跑的殘景就會留下來。相反地，使用後簾同步時，因為閃光燈是快門要關閉的瞬間發光，所以人跑的殘景就會先記錄在感光元件上，等快門關閉的時間，人物就會被清楚拍下來。這種前簾同步和後簾同步都可以在相機功能選項中設定。

1. 旅行作家必須對相機如同對自己身體那樣熟悉。閱讀說明書，把相機的各個按鍵都練習到熟悉為止，這樣的練習可以幫助你在關鍵時刻拍出好照片。

2. 找一本有名的旅行雜誌，雜誌內有很多跟旅行地有關的建築物、食物、風景等照片，不用判斷這些照片拍得好不好，而是要研究這張照片是如何拍的。

3. 試拍看看，把東西放在相機畫面裡1/2位置， 透過彎腰、趴下等各種姿勢來拍照。檢查拍出來的成果，看看哪個角度拍出的效果最好。

4. 根據曝光來拍照，以家裡的盆栽為對象也好，或是戶外的公園雕像也可以。調節相機的曝光來拍得更亮或更暗，透過這樣的練習來學習拍照。

5. 太陽下山的時候，把攝影模式調到光圈模式後，根據光圈值來拍攝。光圈值不同，拍出的景像是如何變化。

拍出有氣氛的照片

1.2. 韓國全南古城郡泰安寺中的「寂忍禪師慧徹的墓塔（寶物第273號）」。要到達大雄寶殿，需要通過低頭才能走進去的矮門。這也具有對寂忍禪師表示尊敬的意思。寂忍禪師的墓塔是技術高超的雕刻品，從不同位置拍攝，都會讓照片成果看起來不一樣。

最佳拍攝位置

「如果你的照片不夠好，那表示你還離的不夠近。」

羅伯特・卡帕（Robert Capa）

剛開始學攝影的人，通常都只在固定的位置拍照，因為不知道在其他位置，可以拍出更好的照片，就像只看到事物的表面，而沒有看到整體，照片也是需要從各個不同角度去拍攝。

這裡有一朵花，花的模樣、花放的位置、花的背景和照在花上的光等等，都一一考慮後，一定可以找出更好的拍攝位置。像這樣，挑選拍攝風景或事物的位置，就叫做拍攝位置 Camera Position。

1.2.3.4 韓國全南潭陽郡的瀟灑園，美麗庭園中的光風閣，坐在光風閣內享受大自然，是旅行中的悠閒時光，不要只從一個地方拍攝，而是從不同位置拍看看，即使是相同的建築，也會因拍攝位置不同而拍出不同感覺。

拍攝位置是決定要從哪裡拍，初學者通常會把被拍體以外不需要的要素也拍進來，使得畫面很雜亂。如果對自己拍的照片不滿意，就要想一想自己是不是離被拍體太遠了。解決這個問題的方法就是「再走近一步」，只要更靠近被拍體，那自然就會把不需要的要素排除，相反地，如果想拍出被拍體周圍的環境，那就是可以「往後退一步」來拍看看。

多虧有變焦鏡頭，我們在原地也可以把事物推很遠或拉很近。但是好的拍攝位置不是變焦鏡頭可以解決的，我們可以在好的位置上拍出最棒的畫面。現在站的位置看，被拍體是不是顯得有點單調、光線是否照在被拍體上、其他配角是不是太零散、背景是不是太複雜等，有很多東西需要判斷。

懂得挑選拍攝位置之後，照片就可以拍得比之前更棒，即使是拍人潮擁擠的市場也是可以拍得簡潔俐落。還有一點是必須記住的，去某個旅行地，如果看到帶著攝影重裝備的人，跟其他觀光客分開聚集。那麼，那些人就是已經找到最佳拍攝位置的人，拍攝位置會影響所有拍攝成果，因此，在拍攝之前一定要想清楚，我的位置是最好的嗎？

位置選擇的標準對於觀光客和攝影師來說是不同的。例如，去濟州島城山日出峰看日出，大部分觀光客都會爬上日出峰，但是，攝影師就會選擇日出峰

1. 韓國潭陽韓菓和名人韓菓，因為是在工廠拍攝韓菓，所以桌上鋪上布並把韓菓擺在銅盤上，使用外置閃光燈製造出天花板的反射光來拍攝。
2. 韓國釜山某一家咖啡廳拍攝的照片，利用自然光把玻璃杯內飲料的顏色拍得很鮮豔。

旁邊的海邊。

因為彼此看日出的方式不同，觀光客想在山峰上拍到金黃色太陽，攝影師則想拍到日出峰和日出兩個要素。當然最好是這兩種照片都能拍到，但如果只能選擇其中一個的時候，就必須考慮到哪個畫面，更接近自己想要寫的文字，或自己想要表達的感覺後，再來選擇拍攝位置。如果需要的是把日出峰火山口染得通紅的日出的話，那就一定要爬上日出峰，如果是需要照耀日出峰的太陽的話，那就是去海邊。

把食物拍得更美味

旅行中感到最幸福的瞬間，那就是享用美食的時候。澳洲的澳美客牛排坊的厚切牛排、泰國的新鮮海產料理、佛羅倫斯露天咖啡廳的義式咖啡和冰淇淋等，都是讓旅行更愉悅的食物。

看著照片中各種旅行地美食，都快要流口水了。不過，美食對於旅行作家來說有一點很可惜，當然我們也會去吃，但更多的時候是把時間花在拍攝美食上，常常是拍著熱騰騰的食物，等到要吃的時候，食物已經涼掉了。

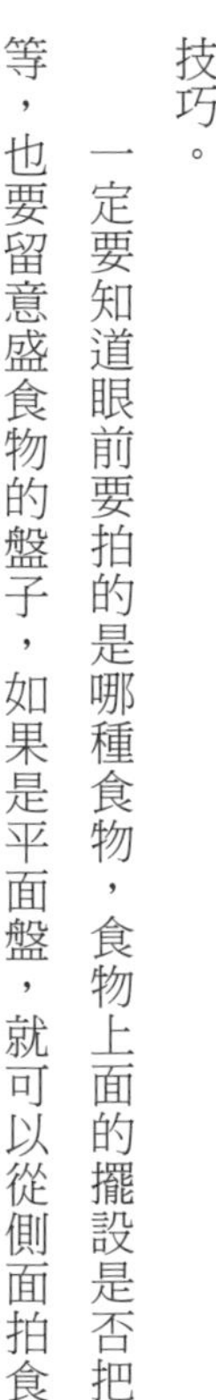

1. 韓國西海岸的特有風味菜涼拌魚，把主菜和旁邊的小菜擺好後拍的照片。
2. 海產店的生魚片拼盤，當無法拍出食物時，只拍主菜也是個方法。
3. 如果是以美食為主題的遊記的話，拍出整個擺桌也是很重要的。
4. 從上往下拍食物的話，可以一眼看出內容物，這種照片也很適合編輯。背景純白的方式來拍也很好。

拍美食照片時，也把現場氣氛一起拍出來是很重要的。但是，這裡有很多要留意的細節，無論在國內或國外，拍美食時，一定不能妨礙其他客人用餐，如果處理不當，還可能被客人要求賠償。拍攝的環境可能在光線不足的室內、室外、或是餐桌上有強烈燈光，因此拍攝美食看起來很簡單，其實需要很多技巧。

一定要知道眼前要拍的是哪種食物，食物上面的擺設是否把食材擋住等等，也要留意盛食物的盤子，如果是平面盤，就可以從側面拍食物，如果是裝在深盤內的時候，至少要從四十五度的角度才能拍到盤內的食物。

西式食物大部分都可以拍得清楚，但韓國料理就沒那樣簡單了，因為大部分都是配上辣醬來煮，或是拌菜等，煮得沸沸騰騰的辣湯，要怎樣拍才能拍得清晰又美味，就需要多花心思。大大小小碗盤擺滿一桌的韓式定食也是如此，攝影師同時也必須扮演美術設計師。

沾到醬料的盤子要事先擦乾淨，小菜也要擺整齊，也可以先跟店家約好要拍攝，在食物烹煮之前就先拍照，拍食物照片時，最好每個角度都拍，從上往下拍、從側面拍、近拍、跟周圍環境拍。也一定要橫式和直式拍，因為不知道最後會用哪個照片來編輯。

1. 把食物跟周圍環境一起拍比較有氣氛，連用餐的人一起入鏡，會更有臨場感。
2.3.4.5.6 拍攝烹煮食物的過程或用餐前的準備，及周圍的物品擺設。

7. 坐在位置上，希望把所有食物都拍進來就使用了廣角鏡頭，除了中間的食物，其他小菜都變形了。
8. 站起來換成70mm的鏡頭來拍，雖然是同一份食物，但是比廣角鏡頭拍的畫面更穩定。

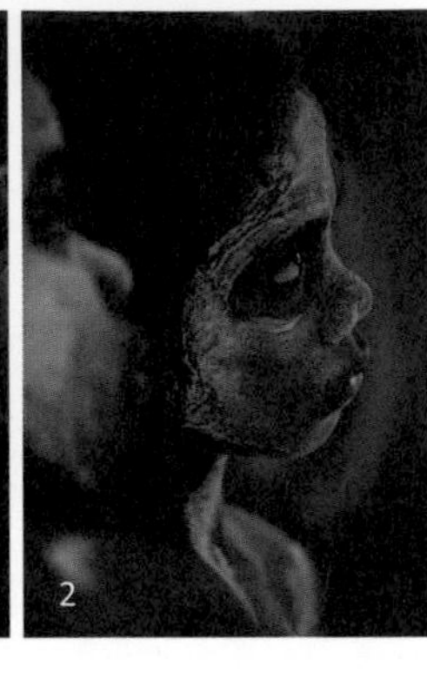
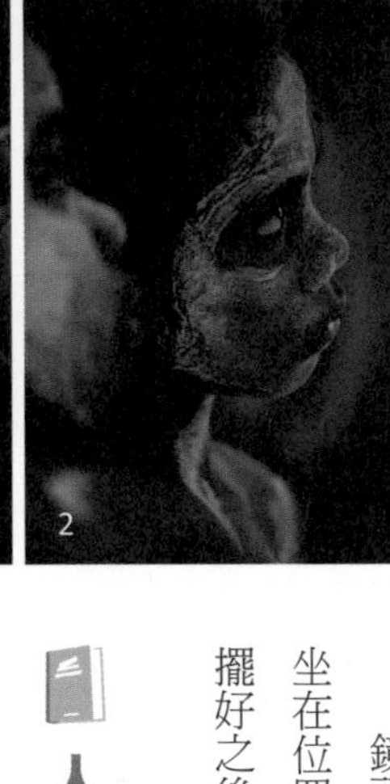

1. 大洋洲的新喀里多尼亞原住民小孩，黑色皮膚上的大眼睛望著拍攝者，這就可以拍出人物強烈情感的照片。
2. 相反地，被拍者看著其他方向的拍攝方法也很重要，人物視線前面的留白要比後面多，才可以讓畫面有穩定感。

鏡頭也很重要，比起會有誇大效果的廣角鏡頭，選擇標準鏡頭是比較好的。坐在位置上拍雖然比較方便，但是可以拍的角度有限。因此，最好是先把食物擺好之後，站起來構思要怎樣拍。

人物照片的拍攝重點

旅行中不可能沒有人物照片，照片中的當地人能讓我們感受到異國的風情文化，可以把旅行中遇到的朋友紀錄下來。而且，人物照片是扮演感受當地人文風情的重要角色。

人物視線的處理

人物視線的處理有兩種，一種是人物看著鏡頭，另一種是看著其他方向，因為人物的眼神可以表現出情感，視線處理之後才是構圖。人物視線看出去的方向，有比較多的留白時，會讓照片看起來比較有穩定性。相反地，人物視線看出去的方向留白比較少的時候，會讓人物看起來顯得不安，還有，眼睛要對焦是基本原則。

要拍特寫還是全身？

拍人物時，要拍到哪個範圍呢？大致上人物照片有全身照，還有從臉到膝蓋、從臉到腰、從臉到胸部，以及從臉到肩膀等。因此，拍人物時要考慮到人物特徵和照片要呈現的感覺後，選擇要拍的局部範圍，如果是使用廣角鏡頭，人物最好放在畫面的中間，因為廣角鏡頭會讓人物的臉變形。

使用連拍功能

把相機的拍攝模式設定在連拍，如果你只拍了一張人物照，回家一看，人物的眼睛正好閉起來，那該怎麼辦呢？人的表情都會不停在動，因此，使用連拍的時候，即使有好幾張都失敗，也有機會從中挑出一張滿意的，連拍是為了不拍出失敗照片的攝影方法。

1. 為了拍出小孩燦爛的笑容，選擇從臉拍到腰部的特寫。
2. 外國原住民在身上畫圖騰的場景，因為這個過程很重要，所以有圖騰出現的腰部以下也一起拍進來。
3. 因為有農田的存在，所以把工作的農民全身都拍下來。

4. 這張是Indie Band為新專輯拍攝的照片，主題是「日常」，在某一家咖啡廳內，要求模特兒自然的動作，這張是使用連拍後挑選出的某一張。

1. 韓國首爾新堂中央市場的老奶奶，跟老奶奶約好訪談，聽到了很多過去的故事。老奶奶已經80歲了，每天依然來市場，過著日常生活的老奶奶，看起來很健康。

事先確定肖像權

偷拍的照片是沒有生命力的，因為沒有跟被拍者交流，對我的好感程度會如實反應在照片上，所以需要充分的溝通交流。

拍照之前，一定要先詢問是否可以拍照，以及拍的照片是否可以刊登，如果省略了這一部分就直接使用照片，有可能會產生糾紛。更何況是要用在媒體上，這個責任就更大了，所以一定要小心。在國外拍照更是要注意，一定要充分說明照片的用途，如果沒有得到許可，最好直接放棄拍攝。

拍攝訪談照片的重點

訪談照片跟一般人物照片的拍攝方法沒有太大差異，不過有些要注意的地方，邊訪談邊拍照是不太容易的，因為對方會意識到相機的存在，如果還是使用大鏡頭拍照的話，受訪者的表情可能會僵硬不自然。因此，在訪談之前就一定要先告知對方會拍照，在訪談過程中，如果受訪者姿勢歪了、或頭髮和衣服亂了，就要鄭重地告知，因為大家都希望能把自己拍得好看。

不論是誰，在鏡頭前都會有點緊張，最好不要一見面就先拍照，等談話進行得差不多，也沒一開始緊張的時候，再來拍是比較好的。拍照的時候，拍攝

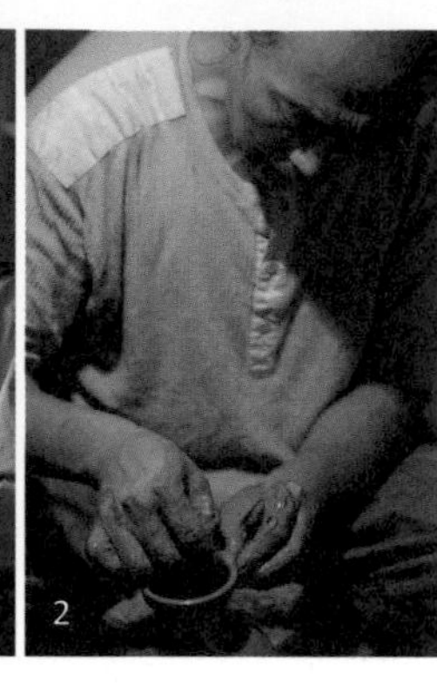

1. 從採訪者的肩膀位置拍攝受訪者，這叫做過肩鏡頭（over-the-shoulder shot）。這是可以把畫面拍得有深度的方法，被拍者的視線朝向採訪者，雙手自然交握，這是正規的訪談照片。
2. 這是拍訪談對象正在專注做某件事情的照片，有時候拍這種投入工作的照片效果也很好。

者的表情如果不僵硬，而是用邊微笑邊拍的話，被拍者的表情也會比較自然。

拍照時可以使用連拍的模式，這樣就可以把需要的照片都拍下來。也能拍人物看鏡頭和看其他方向的照片，以及自然對談的畫面，這樣事後還可以在編輯時放上當時談話的內容。

如果是拍半身照片的話，臉部表情或手的動作就很重要，手舉起來靠近臉或是手上拿筆或書都是不錯的方法。拍全身照的話，從比眼睛位置稍微低一點的低角度拍是比較好的。被拍者的背景也是需要的，根據對方的職業，可以拍辦公室、農田、書房等場所，同時也要避開會有影子的場所，臉上如果有斑點等，可以透過後製處理。

建築物的拍攝法

我們透過建築可以了解人們的生活和文化，也可以知道那個時代的發展程度，所以建築不只是單純的藝術素材，也是歷史和文化的脈動之一。旅遊書中出現的飯店、渡假村、博物館、寺廟、教堂、餐廳、建築等，都是可以拍下來的建築物。

1. 韓國濟州島西歸浦安德面的方舟教會，這是世界有名的建築師伊丹潤的作品，是根據諾亞的方舟這個概念來設計的，土、樹、鐵、石頭等都是使用天然素材。

建築雖然是很容易找到的素材，但同時也是很難拍的素材。在拍建築物時，只要記住幾個重點，就可以拍出不輸給專家的作品：

對準垂直線

看到所拍的照片時，常常會發現建築往某個方向傾斜，這就是拍攝者的角度不對。這種情況建築物不是垂直，而是傾斜到某一邊後產生消失點，也就是從下往上看的時候，越往上就越狹小，而從上往下看的時候，越往下就越狹小，如果使用廣角鏡頭，這種現象會更嚴重。

建築物都比人高，當然也就無法避免往上看時，發生這種扭曲。這時候，只要讓相機和建築物的垂直線對齊就可以減少這個扭曲，高樓層當然還是無法改善，但是在室內拍攝是很有用的。

在適當的距離拍攝

拍攝時，越靠近建築物，建築物就扭曲得更嚴重。韓屋的情況更是嚴重，韓屋的屋頂是有曲線的，越靠近看，就會發現那個曲線更明顯，也就很難看出原本建築的特徵。屋簷變得往上空翹起，兩側的柱子成A字形傾斜，而屋頂則

1.2.購物百貨密集的東大門，左邊照片往上產生了消失點，右邊的照片在東大門DPP拍攝，看起來建築比較垂直地豎立。

3.4.建築物的垂直部分（柱子或窗戶）跟相機液晶螢幕對準垂直線的話，就可以改善扭曲的問題。只是對準直線之後，建築的地板或天花板的空間就會太多。因此跟空間內其他事物一起拍也是個方法。

1. 韓國公州麻古寺的大雄寶殿。因為靠得太近，所以拍出來的建築柱子和屋頂都扭曲了。
2. 韓國公州麻古寺的大雄寶殿和五層石塔。從遠處用70mm的景深來拍，扭曲狀況少很多。

看起來很深。這時候，建議可以在遠一點的位置拍，鏡頭用50mm的話，就可以拍出整個建築物。

把建築物的中心放在照片中心

把建築的特色部分放在畫面中心點也是個方法。透過這種方法，可以讓畫面維持平衡感，看起來也比較穩定，這種方式非常適合室內拍攝。如果在那個位置拍攝後，照片內的空間還是往某一個方向傾斜的話，可以使用上面提到的對準建築物的空間垂直來拍，就可以解決這個問題。

克服曝光的差異

室內拍攝偶爾會光線不足，為了解決這個問題，就會打開閃光燈來確保快門速度，但是也就會出現周邊暗角（vignetting）（除了照片中間之外，周圍或四角都很暗的現象）。這個問題只要調節閃光燈就可以解決，但是就很難確保快門速度了，因此就必須使用三腳架。

拍夜景的時候，通常是在藍色時間，盡可能在自然光下拍攝。室內的話，如果光線不足，就可以使用閃光燈，但是如果有用三腳架，就可以使用長時間曝光方式來拍。

1. 韓國光化門的聖公會教堂內部，天花板的吊燈和祭壇，以及中間的走道都放在畫面中間。
2. 渡假村的圖書館，把角落和書架的交叉點放在畫面的中心。

3. 4. 泰國蘇梅島渡假村，自然光比人工照明拍出來照片更自然。

如果是拍室內有窗戶的部分時，是很難調整曝光，室內的燈光要開到最大，等戶外開始暗的時候拍，才可以同時拍出裡外兩邊的光線。如果是傍晚的時候，使用長時間曝光來拍，光就可以適當累積，這樣就能拍出很美的照片。

拍出建築的特色

最能表現建築物特色的部分，被稱為立面。立面通常指建築物的入口正面，建築物的中心就如同人的臉，除了正面之外，還要好好觀察建築物是否有其他特色。

適合拍建築的鏡頭

拍建築照片時，常常使用具有 Tilt 功能的鏡頭（移軸鏡頭）。這是可以有效地改善建築扭曲現象的鏡頭，但是非常貴，如果你是要拍建築或室內，就不得不購買這種裝備。

在歐洲的話，很難在狹小的巷內拍出很高的建築，因此 16mm 的廣角鏡頭就非常好用，CANNON 17 ~ 40mm 鏡頭就很不錯。除了扭曲很小，在一二〇度的廣度景深到 40mm 都可以拍，甚至還有一個 F4 的閃光燈可以用來加強景深，在廣角變焦鏡頭中也算便宜。

1.2.3.4 泰國蘇梅島的渡假村，除了現代化的外觀，紅色游泳池也是渡假村的特色，圖書館也是這個渡假村的主題之一。

攝影的 Know How

用照片說故事

不是用一張照片，而是多張照片來說故事的方式就是連拍，連拍照片不是拍不同空間，而是在不同的時間拍同個空間，這種拍攝方法，只要有耐心，不論是誰都拍得出來。

連拍是指把相機的角度、距離、方向等都固定好之後，隨著時間的流逝（變化）來連續拍。

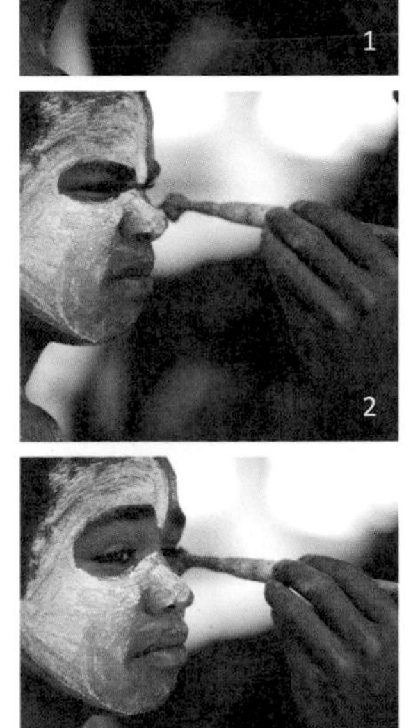

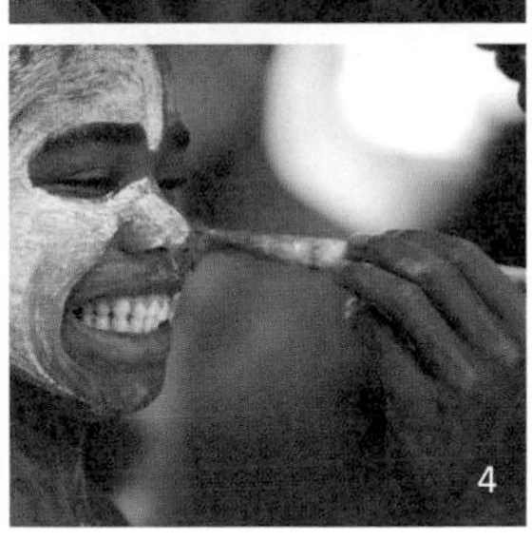

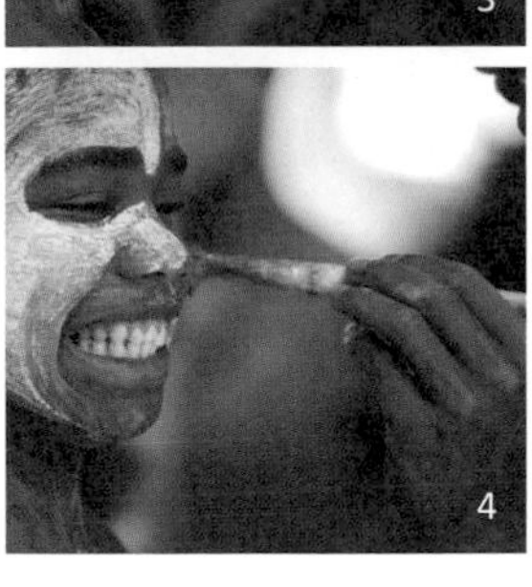

1.2.3.4. 照片是新喀里多尼亞的原住民，有一個正在畫臉部圖騰的少年，沾著顏料的毛筆畫著少年的臉。這時候，我們很自然地跟少年的表情產生同感。連拍的4張照片的最後一張，少年因為覺得很癢而大笑。

8張照片是在日本大阪六甲山有馬溫泉拍的。帶著猴子表演來賺錢的男人是主角，一開始是以圍觀者的立場去拍，後來發現猴子跟男人的共同點之後，就一直拍他們。那個共同點就是猴子和男人都在做同樣的動作，男人和猴子是主僕關係，裝錢的籃子是他們在街頭表演的目的，這是在說故事上需要的要素，所以也放了進來。

1. 在公車上往窗外拍到的照片。本來想拍遠方的枯樹，畫面突然出現比較近的樹。結果，枯樹不像直接拍到的，感覺像是突然看到似地。

不完美的照片也是作品

「一張沒有對焦的照片是過失，十張沒有對焦的照片是實驗，一百張沒有對焦的照片就是風格。照片中有真實，但有時候這種沒有對焦比真實更具有不可思議的力量。」

阿爾弗・德・史蒂格利茲（Alfred Stieglitz）

很多剛學習拍照的朋友，在旅行中如果記憶卡空間不夠時，就會開始刪除某些照片，會先把手晃到的照片刪除，接著再刪除不滿意的照片或沒有對焦的照片。

首先，真的能區分哪張照片拍得好，哪張照片拍得不好嗎？對於初學者來說，不懂要如何判斷照片是好是壞，其實那些不是故意搖晃或沒有對焦的，說不定反而是好照片。

晃到的照片也是照片，照片是根據所學技術去拍攝的，照片也是很難區分好壞的。所有照片中都有拍攝者的想法，但有時不小心的失誤也可能拍出意想不到的好照片。我們太容易認為晃到或沒有對焦的照片就是拍得不好，我們太

2. 這是在冬天刮強風時拍的韓國太白市白樺樹林。風實在刮得太大，連三腳架也跟著搖晃，每次看到這張照片，就會想起那天強烈的風。
3. 墨爾本的深夜，喝了幾杯酒，稍微有點醉意後，就來到路上閒逛，這就是那時候拍到的照片，光線不足，手也很晃。但是當天的感受和興奮都拍在照片裡，晃到或沒有對焦的照片並不是一定要刪除的照片，晃到的照片也可以看到真實的一面。

相信只要對焦拍出清晰的照片就是好照片。

專拍鳥類的攝影師B前輩，在他的展覽會上發生過這樣一件事情，當我在展覽會上觀賞時，偶然聽到某位觀賞者的談話，他認為在峭壁上要展翅高飛的鳥的眼睛並沒有對焦，所以說「這張照片很一般」。我把這些話告訴前輩後，前輩有點失望的說。

「那部分不是很重要。」

對於前輩來說，那張照片的重點是鳥的飛躍。

照片是思想的產物，對焦也是如此，對焦可以分成表現真實和隱藏真實兩種，對到焦是屬於真實領域，沒有對到焦是屬於想像的領域。有些攝影師還會故意拍出晃到的照片，來探討眼睛看不到的另一面，晃到的照片會喚起各種感情。根據晃的程度，會感受到韻律感，感受的幅度也會不同。晃到的殘景重疊後，就像繪畫一樣，但也不是說所有晃到的照片都可以使用，對於沒有對焦的美食照片或是黑暗中燈光搖晃的夜景照片，媒體是一定不會採用的。因此，晃到的照片比較適合用在表達作家本身感受的散文作品中。

1.2. 韓國安城市三竹面基率里的彌勒寺。第一張是使用散焦法，第二章是使用泛焦法。

感性的表達——散景

學習拍照時，最常用的方法就是散焦法（Out Focus），是指人物清晰，背景朦朧的方法，為了解釋這個迷人但又很難表達的散焦法，我們先了解一下景深。

所謂的景深（Depth of Field）就指被拍體前後對焦的範圍或距離。深度一般分成兩種，散焦（Out Focus）和泛焦（Pan Focus），泛焦一般也稱為「深景深」，被拍體跟背景都對焦，可以拍出全景清晰的照片。散焦也稱為「淺景深」，只有對焦的被拍體是清晰的，背景模糊，散焦跟泛焦相比，畫面比較柔和。

景深和照片的清晰度有很大的關係，一般光圈越小（F的數值越大），就可以拍出清晰的照片，也就是深景深（長景深），但可以透過的光量就越少，快門速度必需比較慢。相反地光圈越大（F的數值越小），可以透過的光量就越多，那快門速度就會越快，可拍出散焦效果的照片，也就是淺景深（短景深）。

像這樣因為散焦和泛焦的不同，拍出來的照片也會不同。一般風景照會用「泛焦」，花或小物、人物等用「散焦」。

1.2. 韓國全南丹陽郡的瀟灑園。在相同場所用不同的散焦法來拍攝，散焦法可以根據攝影的目的來使用，第一張是後散景，第二張是前散景。

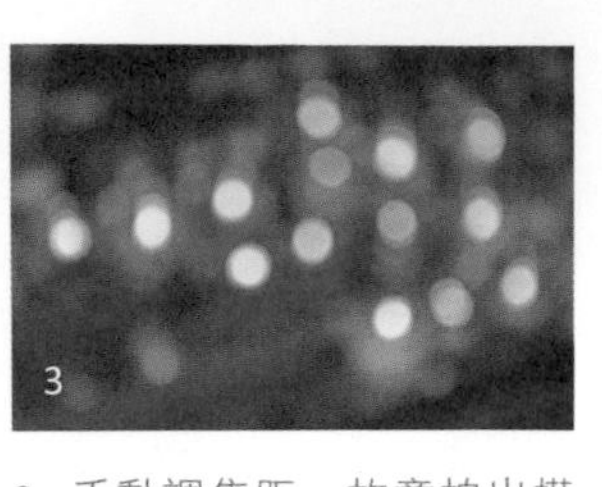

3. 手動調焦距，故意拍出模糊的照片。這是寺廟的燭光，可以看到黃色燭光擴散的效果。

散焦也可以用散景來表達，散景（Bokeh）指的是沒有對焦的部分看起來很模糊，有對焦的部分就會跟沒對焦的部分形成對比。用肉眼是看不出來的，但是透過照片就可以表現出來。利用這種沒有對焦的部分，就可以強調拍攝者想要拍的部分，也就是說，強調我要拍的被拍物，讓雜亂的背景變模糊，便達到去除不需要的資訊的效果。

不只是如此，沒有對焦的部分，變得柔美和朦朧的散景，都會引起他人的興趣。散景在前面就稱為「前散景」，散景在後面就稱為「後散景」，這部分只要依照自己的想法來決定如何拍就可以。

透過散景突顯主題的方法

背景變模糊的話，就可以突顯被拍物。單純的背景比複雜的背景更具有強調效果，還可以把觀賞者的目光集中在有對焦的被拍物上，因為雜亂的背景而無法強調主題的時候，也可以使用散焦法。

1. 這是焦距對準竹子的照片。複雜的竹葉變得模糊，製造出柔美的散景。
2. 為了強調腳踏車標示，看起來像是路過時拍的，讓周圍變得模糊。

製造散景需要注意的三要素

要拍出散景需要的三要素是：一、閃光燈二、鏡頭三、被拍體和相機的距離。閃光燈打開的話，景深就會變淺，長焦鏡頭比短焦鏡頭的景深更淺，望遠鏡頭比廣角鏡頭的景深更淺。

和被拍體的距離越接近，景深就會越淺，同時也要考慮被拍體和背景的距離，被拍體跟背景距離太近的話，就很難拍出散景，必須有一定程度上的距離才可以製造出散景。

在使用散焦法的時候，要決定是要讓前面模糊還是後面模糊，又或者是前後都模糊。前面模糊的話，照片會比較有深度，如果是後面模糊的話，就會讓被拍體更加突出。前後都模糊的話，畫面則會產生立體感，失焦部分多的時候，畫面會變得柔和，有時候也會有夢幻的感覺。

3. 用200mm望遠鏡頭拍的水仙花。後面的葉子在太陽光下的樣子變得朦朧。
4. 用50mm標準變焦鏡頭拍的照片。除了對焦的花之外，其他花朵都慢慢地變模糊。
5. 用28mm拍的照片。跟標準或望遠鏡頭比起來，廣角鏡頭的模糊度不太夠，但是當被拍體跟鏡頭靠越近時，背景就會變模糊。

用感覺拍照

感性的意思是「感覺刺激的變化性質」。也就是說，不是用腦袋去感覺，而是用心去感受。LOMO相機曾經引起一股熱潮，拍出中間色彩鮮明，四周黑暗的照片的LOMO相機，就是「感性」的代名詞。

不過，並不能說周邊暗角的照片都是感性的。**我們看到的無數照片都有意義和感情，就是這些打動人心，因此，把感性的照片稱為美麗的照片或許會更適合。**

一般來說，感性的照片目的不是為了傳達資訊，所以通常都沒有對焦。比起拍整體事物，更常拍事物的局部。比起精緻的構圖，大多是輕鬆的快拍照片。

無法定義的感性照片，至今依然受到很多人的喜愛，看起來好像也是照片的一個分類。這種照片不適合傳達資訊，或用在主題很明確的專欄，反而比較適合描寫自己故事的散文，下面介紹五種拍出感性照片拍攝方法：

1. 在韓國德壽宮散步的情侶。前面的花拍得很模糊是為了強調後面的人物。
2. 韓國南山N首爾塔的展望台掛著代表永恆的愛情鎖。為了強調鎖，在太陽下山時，都市變得蔚藍時拍攝。
3. 某家小店內擺放的小物。因為光線不足，就使用了閃光燈來拍攝，進而拍出周邊暗角效果，這不是很清晰的照片，但是卻非常有感覺。

1. 光從正面照射過來。因為光線直接照在鏡頭，所以產生了耀光現象，這是光的成品。
2. 正在海邊看海的人們，因為是正中午，所以光線非常強烈。調好曝光後，就可以拍出逆光照片。

不要害怕逆光

從前方照過來的光很刺眼，這種耀眼光芒是很難拍進照片中，這時侯很容易出現畫質的不速之客——耀光（Flare）（畫面白茫茫的或出現白色斑點的現象）和幽靈（Ghost）（因光的反射出現像幽靈的現象）。同時，因為很難估算光量，也就難以掌握曝光。但是請不要害怕逆光，通常幾次失敗拍出的逆光照片，也有感覺不錯的照片。

只拍局部

拍局部的內容比整體少，但也更能引起人們的好奇心，比起整體的資訊，把重點放在某個局部，反而可以使觀看者更加集中注意力。

更多留白的照片

留白跟空間一樣會帶來不一樣的感覺，畫面的留白也可能成為主角，也可以突顯主題，繪畫中也會使用留白來傳達美學。因此，畫面留白處理好的話，雖然表達不會太強烈，還是可以感覺到心態上的從容。

1. 明亮的湖水上蕩起小小的波紋，這其實是魚游過的痕跡。雖然沒有拍出湖的全景，但是湖面的同心圓非常清晰，像這樣只拍出湖水的局部，反而會讓人陷入其他想像。

2. 墨爾本城市的某個小巷。有雙芭蕾舞鞋掛在電線上，好像有人刻意把自己的鞋子掛在上面。
3. 貼有紅色磁磚的游泳池某一角，秋天的落葉聚集在水面的角落。

4. 整齊的床鋪。好想洗個熱水澡後躺上去睡覺，枕頭上擺著兩隻小巧的娃娃，可以感受到為了讓旅客睡好覺，民宿主人的用心。
5. 午後的天空下，有著一條晾衣繩。在風和日麗的日子裡就洗洗衣服，雖然已經把洗好的衣服收起來了，但我們還是可以感受到那天的悠閒。

飄著水果香的茶從咖啡廳的桌面移到陽台的花盆上，好像茶和花的香氣都一起慢慢飄了上來。

找出特色

「愛」如果用照片來表達是很難的，因為所謂的愛是一個觀念，而且每個人的解讀都各不相同。不過，愛心圖案雖然不能明確表達愛，但不論是誰都認為那就是愛的象徵。情侶會手牽手做出愛心姿勢拍照，也是因為這個原因。相同地，下雨的場景很難拍，但是雨傘是可以讓人聯想到雨天，車窗上的水滴也會讓人想到下雨天。

參與演出

今天看的雜誌、社區內的花盆、可愛的咖啡店招牌等，這些都是很小的事物，但透過人為的演出，就會變得不一樣。小事物跟經過布局拍出的照片比起來，因為是大家都親近和熟悉的東西，更能打動人心。動態的情況跟直接拍下來的快拍照片有點不同，越常看到東西反而會容易產生同感。

用色彩來展現世界

「人們透過視覺獲得八〇％以上的資訊。人們看到顏色、製造顏色、使用顏色的過程，從人類誕生以來從未停止過，這代表著人類的原始慾望。」

摘自 KBS 紀錄片『色，四個慾望』

我們每天都在選擇顏色，小孩子喜歡有著顯眼艷麗顏色的玩具，大人們買車的時候挑選顏色，我們會認為黑白色的衣服比較時尚，黃色的衣服比較活潑，紅色衣服比較熱情也比較顯眼。因此，某些心理學家主張，只要從喜歡的顏色和配色就可以知道那個人的性格。

我們是透過眼睛看到顏色的，對於所看到事物的感知是刺激的、感性的，也是很直接的。因此，看到灰色天空會感到鬱悶，看到藍色天空和大海會感到放鬆，而綠色的樹林會感到安定，這些都是有關顏色的心理學應用結果。

地球上不論哪個國家都有一個代表顏色。去中國旅行的話，就會看到比其他旅行地更多紅色，因為在中國，紅色是一個幸運顏色。這個顏色在其他國家可能用於表達死亡或有負面的意思，當然也有熱情或勇氣等意思。像這樣，顏色會反應那個國家的特徵，也包含了那個國家的文化、國情、宗教、風俗等。因此，

1.2.3.4 在尼泊爾加德滿都拍的照片，顏色可以表現那個國家的文化和生活。

3

4

3.4. 觀賞用的罌粟花透過曝光差異拍出來的照片。拍得亮得時候，顏色看起來會變淡；拍得暗的時候，顏色看起來會變深。

1.2. 即使是相同的花，彩色跟黑白感覺是不一樣的。在彩色照片中，黃色很亮眼，但是在黑白照片中卻沒有展現出來。

顏色也是那個旅行地的隱喻表達，也是照片的好素材。

我們使用的相機也是彩色的，彩色照片忠於傳達真實，在那麼多的顏色中，拍照前就需要先計畫和思考。因此，有些攝影師為了減少其它的資訊來影響主題，就選擇用黑白模式，在拍黑白照片的時候，一定要盡可能排除被拍物的阻礙。被拍物本身的顏色跟周圍事物的顏色是否搭配，所有差異都要考慮之後，才在相機的螢幕上構圖。

照片中顏色跟曝光有很大的關係。例如，把日落拍亮和拍暗來看看，在這裡自動曝光是沒有意義的。在相同的日落情況下，拍得亮的時候給人感覺比較輕鬆活潑，拍得暗的時候，會有種沉重或嚴肅的感覺。像這樣過度曝光或曝光不足的照片，就能拍出不一樣的感覺。顏色首先是表現出拍攝者的想法，因此選擇如何拍，是旅行作家要做的功課。

旅行結束後的功課

整理照片

現在都是使用數位相機拍照，從整理照片到修圖等，都是拍攝者要做的工作。拍照後要把照片分類，把需要的照片修圖，並儲存和備份，做這些事情是很累的，但在這個數位相機時代，是誰也逃避不了的事情。

整理照片可以根據自己習慣的方式來做，只要投稿給媒體時，能快速找到照片就可以。跟整理一樣重要的就是備份，國內旅行的話，還可以再去拍一次，國外的話，因為時間不夠，根本不可能再去。我的同事作家說自己拍的旅行照片，就是自己的財產，所以對於旅行作家來說，照片的備份是非常重要的。

我建議製作另外的圖庫，例如：國內美食的圖庫。這樣的話，當媒體有需求就可以很快找到照片，如果沒有這種圖庫，就必須在所有的硬碟內翻找半天，這樣的方法也可以減少因過失而導致照片的遺失。

有時候，廣告公司會有特殊照片的需求。例如，秋天曬柿餅的照片、在大廳柿子裝在籃子內的畫面、在鍋內海苔浮起來的年糕湯、在雪山健行等。因此，還可以用季節、健行、露營、寺廟、路、樹林等，當資料夾名稱來另外保管照片。

照片除了可以存在自己的電腦內，還可以使用雲端來保管。這樣不論人在哪裡，只要有網路就可以馬上找到照片。

挑選照片的學問

拍照本身就不容易了，可是挑選照片更是困難，在那麼多的照片中要怎麼挑選呢？

之前，我在某個部落格上看到別人上傳的日出照片，一篇文章中就上傳了超過五十多張的日出照片，可是除了太陽升起的瞬間和完全升上來的畫面之外，其他照片看起來都差不多。正如那位部落客所說的，是很難得一見的畫面，照片也非常漂亮。可是，當我們觀賞照片時，邊往下拉感動也邊消失，因為類似的照片一直出現的關係。部落客想要跟大家分享這些美麗的日出照片，可是他卻沒想到這樣反而讓讀者的感動慢慢消失，如果只放上一張拍得好的日出照片，反而更能帶來極大的衝擊感。

那麼，我們要怎樣挑選照片呢？不管照片拍得多棒，如果跟文章不搭，也必須要放棄，也要挑選認為可以充分表現旅行地資訊和感受的照片。

挑選照片是一門學問，拍攝照片的時候也是在無數個場面中不停地選擇，從要拍哪個部分開始選擇，到最終挑選拍出來的照片。挑選照片要注意的是，選擇適合自己想法的照片，和考慮文章整體風格的照片，比起個人的喜好，一定要挑選可以明確表現出文章主題的照片。

某個媒體要求一篇稿件和十張照片，為了版面好看，美術編輯通常都會準備一・五倍的照片。例如，如果在那個旅行地拍了一百張照片，那主題照片先挑三~四張，本文中要使用的照片和為了傳達資訊也先挑二十張。最後，再從中挑出十五張照片寄給媒體，這種方式除了投稿給媒體，也一樣適用於攝影展、出書、寫部落格等。

挑選照片是為了作家在專欄上，可以更直接地傳達給讀者自己的意思和感受，同時對於初學者來說，這也是培養觀賞照片能力的方法，挑選照片也是可以幫助日後拍出好照片的方法。

1.2.3.4.5.6.7.8.9. 這些照片是要用於傳達炎熱夏日晚上，喝杯涼爽啤酒的情境。為了拍出有著滿滿白色泡沫的啤酒，用不同角度進行拍攝。因為是在比較暗的空間內拍攝，在沒有照明的時候，提高ISO也打開閃光燈來拍，一共拍了50多張，最後挑選的照片是10這一張。

10. 最終挑選的照片。

1. 燈塔上面的天空有大大小小的灰塵。

修圖是必須的

上課過程中，一定會被問到的問題之一就是修圖，問題大致上有：「修圖可以修多少？」「要用怎樣的方式修圖？」「你是怎樣看待修圖這件事？」等。其中，怎樣看待修圖這個問題的意思，是你可以拍出不用修圖也很完美的照片的意思吧，答案是非常簡單的，在這個數位時代，修圖是必須的。

在旅行地拍照後，透過相機的液晶螢幕判斷照片的構圖或顏色等，是很傻的行為，那個小小的螢幕是無法直接反應出我看到的風景。周圍的光，還有微小的曝光差異，都不能保證完美地拍下，修圖就是可以精細地彌補這些部分，正因為如此，所以修圖是一定需要的。

有時候，是否有修圖也能區分專家和業餘，但其實不論是專家還是業餘，都不是攝影師的功力問題，而是數位照片是否有克服自身限制的問題。當然，不能過度修圖，因為看起來太過完美的照片，反而不夠真實。

數位修圖是攝影師的工作，如果沒有攝影師對曝光、漸層、色彩、構圖等的理解，那修圖就沒有意義了。因為修圖要依賴攝影師的判斷，我通常把重點放在漸層（Gradation），還有換鏡頭時，總是會有不速之客跑到感測器上，雖

2. 透過Spot Healing Brush Tool就像擦拭過似地把灰塵去除後，天空就變得乾淨多了。

然從相機的液晶螢幕上看不到，但是在電腦螢幕就看得到那些灰塵，這是攝影師也要修掉的部分。

修圖也用於出版社編輯或美術編輯，根據出版社的出版方向，必須透過修圖讓照片有統一性，這種作業需要透過軟體來操作，也就需要美術編輯或修圖專家來處理。

接下來，我來介紹幾個旅行作家使用 PhotoShop 進行修圖的方法，這裡介紹的方法都是我正在使用最方便的方法，如果還有比這個更棒的方法，也可以繼續使用。

去除灰塵

數位相機的感光元件灰塵（入塵），因拍攝過程換鏡頭、轉光圈環、對焦鏡管伸縮轉動，會導致相機機身有微小的灰塵吸入。有時候這些灰塵會在照片上看到，除了相機要送去清潔外，另外去除灰塵的方法就是使用 Spot Healing Brush Tool，也可以使用 Patch Tool。

在 Tool Bar 中點選 Spot Healing Brush Tool 後，在 Spot Healing Brush Tool 的 Option 中選擇 Brush Size 後，再點擊或拖曳比灰塵大一點的範圍就可以。

1. 裁切前的原稿照片

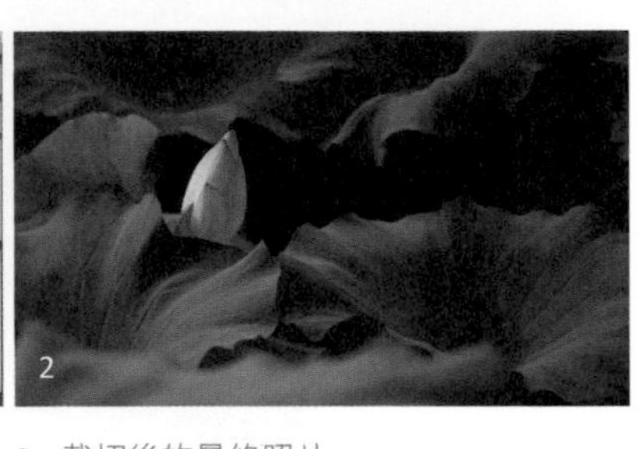
2. 裁切後的最終照片

這個功能是使用 Brush 的瞬間，周圍的色調和質感都會被複製，所以灰塵周圍必須沒有障礙物或分界線才會顯得自然，這個原理是把灰塵部分和被類似的色調遮住的部分調成一致，因此，這個方法也同樣用於去除人物臉上的斑點，一般 Option 中使用 Content Aware 模式的話，也可以刪除。

裁切

裁切照片也是需要的，例如照片中有不想傳達的部分，或是拍攝時拍到不想要的事物，又或者是用望遠鏡頭拍攝時，估算錯距離導致構圖不對等，很多時候都需要進行裁切。

在 Tool Bar 中點選 Crop 的話，就會在照片上標示出三等分的引導線。在照片的邊角用滑鼠就可以變化擴大或縮小，也可以上下移動來裁出適當的大小。當調好想要的照片後，點一下輸入鍵就可以裁切了。

調整白平衡

事物因為不同光的照射，看起來會不一樣，即使是相同物體，在白熾燈、日光燈、太陽光下的顏色都不同。裝著隱隱發亮的白熾燈餐廳內拍食物時，食

3. 在ACR畫面上的檔案。這是使用閃光燈製造出天花板直射光來拍的照片，可是天花板的紅色也直接反應在食物上。
4. 在ACR畫面上改變白平衡。透過White Balance Tool移到白色盤子上，點擊滑鼠就可以改變色調，接著把修得更亮的照片移到PhotoShop後儲存即可。

物會被拍成紅色，這樣就無法傳達準確的資訊，照片也就無法使用。除了使用相機內建的白平衡功能來拍攝之外，也可以透過 PhotoShop 來簡單修正。

把要修正的照片拉到 PhotoShop 的 ACR 畫面後，在上端的選項中選擇 White Balance Tool，選擇 White Balance Tool 後，就可以使用滑鼠來操作，選擇最白或最灰的部分後，就可以來改變顏色。還可以選擇左側的選項中，色溫 Temperature 的值和色調的 Tint 值，來一點點修正成自己想要的顏色。最後點擊 Open Copy 就可以回到 PhotoShop 畫面，再儲存照片就都完成了。如果拍攝的時候，沒有白色或灰色的話，可以在下面先放上一張白色的紙拍照。接著，拿掉白色的紙後再來拍。這樣要修正的時候，可以直接用有白色紙的那張照片來修圖。

1. 這是原圖中打開Shadows/Highlights功能之前的畫面。
2. 透過Shadows/Highlights把暗部調亮之後，按下OK鍵後的最終畫面。

HDR

HDR是High Dynamic Range的縮寫，中文稱作高動態範圍，這是可以減少亮部和暗部之間的差異，讓中間的色調更明顯的方法，最近比較新型的相機都有內建HDR功能。

HDR常用的方式是把亮的照片、自動曝光的照片、暗的照片三張合成，但是在PhotoShop的選項Image中使用Adjustment的Shadows/Highlights的功能就不需要合成。Shadows/Highlights的Shadows可以調整暗的部分，Highlights可以調整亮的部分，曝光差異嚴重的時候，就會產生很多雜質。

照片備註的重要性

備註是指對於照片或插畫的輔助說明，備註的文字跟一般使用的文字不同，有表達上的限制，備註可以幫助觀賞照片的人更加準確地了解攝影師的想法。

旅行照片的備註又不太一樣，一般用於照片本身無法傳達的資訊，或是補充要表達的資訊，照片本身就已經蘊含了明確資訊的話，那就不需要備註了。

1.2.3. 韓國鐵原郡官田里鐵原邑之前的勞動黨舍，在2001年5月31日登記成為近代文化遺產第22號文物。→說明了光看照片無法知道的地理資訊和文化資訊。

1.2.3 建築物的牆上都是被砲彈和槍彈打到的痕跡，至今好像還能聽到625戰爭時的悲慘戰況。→沒有說明地理資訊，反而描述了建築特色和拍攝者的感想。

備註可以是由幾個單詞組成的標題，也可以是詳細的說明，又或者同時有標題和說明，上面的照片是鐵原郡官田里勞動黨舍，我們來看看照片下面兩段不同的備註。

那麼，照片說明有哪些方法呢？首先，我們要選出可以準確表達資訊的單詞，接著用這些挑選出來的單詞寫成句子。寫的時候，要認真觀察照片來思考要如何描述，我們認為照片是呈現事實，所以常常就會相信照片內的事物。可是照片中包含太多故事了，所以我們一定要養成對照片中的畫面，發生的原因和結果進行研究的習慣。

照片是從不斷流失的時間內拍下來的某一瞬間，因此，也可以把那一瞬間的前後場景說明一下，這種方式可以幫助觀賞者理解照片的背景。例如：有一張某個人在巷弄內推著腳踏車的照片，我們只看到照片中的畫面，但在這之前那個人可能是騎著腳踏車又或者摔倒了，這些只有拍攝者才知道。因此，附上有關故事前後的說明，觀賞者也可以透過照片去一趟時間旅行。

一張照片有時候會帶給我們很深的感動，比起一百句話，一張照片更有可能打動觀賞者。因此比起傳達資訊，利用備註講個小故事是更棒的。

沐浴在陽光下的竹林在風中擺盪。風吹動著竹葉，發出了窸窸窣窣的聲音。→從照片中的竹林可以想到的單詞有風、陽光、還有竹子間接觸碰撞的聲音，就是根據這幾個單詞寫出上面的說明。

1 變焦鏡頭35mm設定好之後，每走近一步事先安排的被拍物就拍一張，直到走到被拍物前面。檢查拍下來的每一張照片，看有沒有不需要的要素，或是重要的部分沒有拍到。

2 用各種方式拍出朋友的模樣，從臉部特寫拍到全身，也可以拍跳躍或旋轉的的動作。拍完後，檢查照片是否有清楚拍到朋友的動作及表情。

3 在旅行地慢慢用眼睛觀察所看到的，細心觀察是旅行作家的特質，隨著視線把看到的人物、風景、甚至垃圾桶或被丟棄的紙杯也一一記錄在筆記本上，這種訓練可以培養出像老鷹般銳利的眼睛。

Part 4

旅遊作家的Know How

準備得越齊全，就可以拍得越好；
紀錄得更完整，就可以寫得更好。
旅遊作家就是把旅行當作工作的人，
一定要勤勞和認真。
不論風吹雨打，也要盡力完成工作，
抱持著這樣的想法，
有一天就能享受「準備」這個果實結成的快樂。

蔡知亨

採訪旅行，只需要準備這個

提到旅行前的準備，大致可以分成兩類，那就是「看到你知道的」和「什麼也不懂，反而更有感受」。這兩句都是對的，如果到歷史痕跡都已消失的文化遺址，沒有事先研究歷史就去採訪，那就很難找出特色。相反地，旅行前如果做了太多準備，也會讓旅行的樂趣減少。偶爾什麼也沒準備就突然去旅行，反而能得到更多東西。因此，對於旅行作家來說，很難說旅行前做準備是對還是錯，因為旅行作家是透過旅行寫文章，並以此維生的人。在有限的時間內，必須讓讀者看到值得一讀的資訊，從這一點來看，旅行前的準備是需要的。

先了解人文和歷史

如果決定好要取材的地點後，那就要先研究那個地方的人文和歷史。例如：如果是要寫越南河內的稿件，就要先了解一下首都胡志明，以及越南的歷史、政治、經濟的情況也要先調查。

除了了解當地人文和歷史，也需要閱讀有關當地的新聞，看之前的文章是用怎樣的內容報導當地，是為了可以寫出跟之前不同的文章，對於旅行作家來說，這也是思考要用哪個主題來重新報導的關鍵。

旅行前，先確定天氣

了解人文和歷史之後，就要決定取材的路線。打開地圖，把要去的地方一一標註出來，把比較近的地點放在同一個行程內，事先規劃好行程，是為了有效率地節省時間取材。

安排行程時有一點絕對不能忘記，那就是要確定天氣。特別是要拍日出或日落，以及要拍大自然風景的時候，不管是多美的風景，如果是在下雨天拍出來的照片，是很難用於旅行新聞上的，既然如此，最好選擇天氣好的時候去取材。

要特別留意冬天的天氣，要確定會不會下雪，冬天風景的重點就是美麗的雪景，因此，很多旅行作家一看到會下雪的天氣預報，就會馬上放下手上的工作去拍照。

取材前，先決定主題

取材地相關的資訊功課結束後，就要先決定採用哪個方向的主題來寫稿件，照片也要大致上先決定要拍哪些重點，因為取材過程中，無心拍到的照片是很難寫成新聞的。決定好方向後，先跟邀稿方確定要寫哪些內容也是很重要的。因此，需要跟邀稿方簽訂合約書，在合約書上會有稿件的主題、交稿日、字數及稿費等所有內容。

去取材之前，最好也先確定要放在旅行資訊內的重點。交通、住宿、美食、周圍的美景等，都要調查好再去。住宿或美食餐廳不可能一次全部取材完，所以要把之前去過的資訊和這次新的資訊都收集起來，然後寫出屬於自己的清單。

聽到要做這麼多旅行準備，有些人會覺得很沉重。但是，並不是所有東西都要完美地準備才能出發，因為即使是再完美的計畫，也是有可能會有變數，也會有突發的小插曲，所以還是愉快地準備吧。

生動的呈現現場

取材旅行的時候，旅行作家全身的感官都要打開。因為只有感覺對了，才能寫出好的文字，也才能拍出美麗的照片，不管做了多少準備，旅行真正的樂趣只有現場才可以感受得到。

取材時，一定要確定的事項

對於新手旅行作家來說，常常會忽略一些事情，其中之一就是收集資訊，旅行地資訊在網路上也可以找到正確的資訊，可是要花很多時間查詢。而且，還無法確定是不是最新的資訊。所以去取材旅行時，一定要在現場把所有資訊都收集起來，門票、地址、電話、網站等旅行地基本資訊一定要記錄下來，還有觀光地點有很多不同名稱時，最好在現場確定哪一個才是正式的名稱。

拍照的時候，一定要拍餐廳或飯店的招牌或門口的看板等，雖然偶爾有可能把內容寫錯，但是基本資訊都可以透過看板獲得。取材結束後的當天晚上一定要養成整理資料的習慣，如果一直累積沒整理，就會變得很雜亂，也可能會記不起來照片是在哪裡拍的，或筆記內的那句話又是誰說的，每天整理取材筆記和照片，也可以提醒自己還需要什麼，所以一定要有每天整理的時間。

用心智圖畫出旅行計劃

旅行作家的旅行是不一樣的，因為是為了工作去旅行，所以一定需要事前準備工作。訂出要寫哪種主題的文章後，就一定要規劃行程，即使是突然決定要去的旅行，在實際旅行之前，要準備的東西也並不少。沒有方法可以讓這些複雜的事情看起來一目了然嗎？這時就需要心智圖。

心智圖是把想法整理成地圖，這種把想法畫成地圖，是英國教育學者東尼．博贊（Tony Buzan）根據頭腦的特徵發明的頭腦開發方法。東尼．博贊認為人在學習或整理的時候，比起文字，用圖畫或象徵物等視覺上的資訊來表達時，會有更顯著的效果，因此發明了心智圖。

畫心智圖的方法非常簡單，在紙張中間寫上自己的主題，然後把關聯的想法，用分支的方式往旁邊寫出來就可以。不需要限制於哪種形式，只要根據自身所想，把想法寫出來，再將那些想法連接起來就可以。

心智圖的學習方法很簡單，使用方法也很簡單。畫心智圖，可以在紙張上畫，也可透過心智圖程式或網路免費軟體來畫。

對於心智圖初學者來說，可以先用一張A4紙和筆開始，因為這個方法沒有負擔，而且隨時可以開始。畫心智圖時，要記住幾個要點，因為是左腦跟右腦一起運用，也可以幫助提高創意性。因此畫心智圖時，最好多多使用圖像，只要持續使用，就能夠養成習慣。

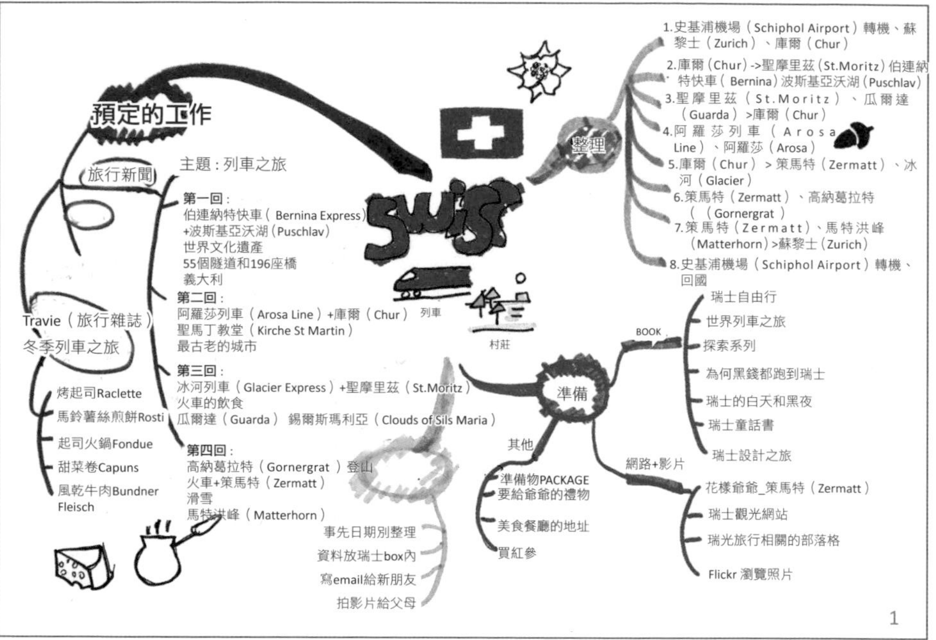

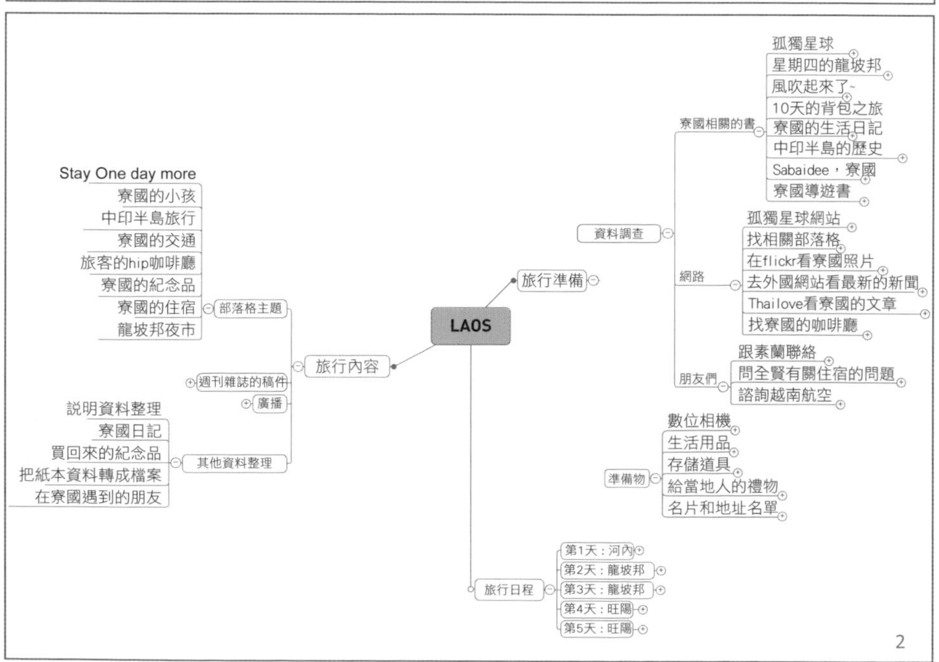

心智圖範例

1. 在紙張上畫的瑞士旅行心智圖
2. 利用電腦程式畫的寮國旅行心智圖

聰明旅行的行李整理法

我經常被問到「去取材旅行時，是要帶行李箱去？還是背包就可以？」答案是「每次都不一樣」。是國內旅行還是國外旅行，是去一周還是去一個月，交通工具是火車還是汽車，有同行的人還是沒有。情況不同，行李也會不同。國內旅行時，有些地方是自己開車和搭大眾交通工具都無法到達，國外取材時也是如此。

我個人背包特別多，從摺疊起來只有手掌大小的小背包，到二十八公升、三十五公升、四十五公升、六十公升等，超過十個以上的背包，當然也有行李箱，從登機箱到大型行李箱都有。有效率地打包行李可以幫助取材，行李的重量不能太重，把需要的東西作用都發揮到極致是很重要的。

旅行行李這樣打包

我不論去哪種取材旅行，都會準備三個包包，分別是放衣服和其他物品的大包包，還有裝相機、筆電、日記本的小包包，最後還有一個放護照和現金的小腰包。大包包會根據不同情況選擇行李箱或背包，背包一定要選擇堅固且輕，同時又防水的，購買之前，也一定要直接去店家試揹，是否符合自己的身型。

打包行李的時候，先把衣服放在包包的最下面，接著上面放比較重的東西，這樣就會把衣服往下壓，讓包包的空間變大。長途旅行的時候，如果買了一件衣服，一定會丟掉一件，因為行李重量增加，會讓移動更辛苦。內衣褲會選擇可以快乾的材質，因為內衣褲經常換洗，就不需要帶太多件。去冷的地方時，最好是薄的衣服多帶幾件，因為衣服太厚重的話，拍照時身體會很難移動，如果是要到零下三十~四十度的地方，也要幫相機準備暖暖包，因為如果相機沒有保暖的話，拍沒幾張就會發生放電的情況。

除此之外，還有些東西是旅行必帶的物品，例如：拖鞋、水壺、頭巾、維他命、常備藥等。雖然我這樣羅列出來，但是每個人都有屬於自己的一套方法，只要準備對自己來說是一定需要的物品，還有找出最適合自己的行李打包法就可以。

最後一點，旅行前不要抱持「所有東西一定要帶齊」的心態，不論去哪裡，一定都會有可以代替的東西，最聰明的做法是方便的旅行。

中國背包旅行

1. 百度地圖（Baidu Map）

百度是中國最大的搜尋網站，也被稱為是「中國的Google」，這個APP就是百度做的地圖APP，在這個APP上清楚標示出從目前位置到目的地的方法。只要有百度地圖，在市區內就可以使用一般大眾交通工具到處逛逛。

2. WeChat

大部分中國人使用的聊天APP，因此這是交中國朋友一定要有的APP，這個APP有個「Moment」的功能，類似臉書的時間軸（Timeline）。另外，在中國是無法使用臉書的。

3. Ctrip

這是預約中國國內飯店、火車、飛機的APP，在中國內的城市間移動時搭火車的話，可以透過這個APP輕鬆訂到火車票。

不用再當啞巴

1. Google翻譯

「不會英文也沒關係嗎？」是的，現在不用擔心英文了，只要使用Google翻譯就可以，共支援37種語言。

從訂機票到預約飯店

1. Google Map

只要有Google Map，去很多國家都可以使用，以目前所在地為基準，可以告知預計到達目的地的時間，如果是去沒有網路的地方，也可以事先用Off Maps這個APP先把地圖存起來。

2. Trip Advisor

Trip Advisor內有數千萬條飯店評價，訂好位置和價格後，就會自動推薦住宿。除此之外，Agoda、 Hostelworld、Booking等是可以根據所在地推薦住宿的APP，不論你在哪裡，都可以簡單地找到住宿。

其他實用的APP

1. XE Currency

計算匯率的APP，可以簡單進行換算。

2. Free-WIFI Finder

以目前所在地為基準，可以找出周圍的免費WIFI。

3. Skype

免費的聊天APP。在旅行中可以用來免費通話。

除了到目前為止介紹的旅行作家必備APP之外，還可以使用智慧型手機內的照明和天氣APP，照明是旅行時一定需要的，在伸手不見五指的露營地時，使用智慧型手機的照明功能是非常方便的。天氣對於拍照是很重要的，除了一般大城市，去天氣變化很大的海邊或島嶼時，是一定需要確認天氣的，熟悉這些APP之後，就可以聰明地去旅行了。

照片不夠的時候，怎麼辦？

在工作的時候，會需要用到之前拍過的照片，尤其是要出版旅遊書時，雖然之前很認真拍了很多照片，但是就是沒有剛好可以用的照片，不管如何從資料夾中翻找，還是找不到可以用的照片，這種時候，不要太自責，而是要快點去找尋其他方法，下面介紹的是比較常用的方法，只要知道這些方法，就可以更快找到需要的照片：

請朋友協助，著作權須明確

找需要的照片的第一個方法就是請周圍的人幫忙，例如，現在需要「越南旗袍」的照片，可是自己拍的照片中沒有，那麼先看一下最近有沒有朋友剛去過越南。平時有注意朋友們去哪的話，這時候就派上用場了。也可以聯絡還在越南旅行的朋友，請他拍攝需要的照片。這種情況下，不論是多親近的朋友，收到照片的話，要誠心地表示感謝，因為照片是有著作權的，清楚標示出拍攝者是必要的。謝禮的話，根據照片的用途、照片的品質，還有跟那位朋友的關係都會有所不同，從一杯啤酒到一張照片支付數十萬韓幣都有，沒有一定的規則。

在Flicker和Google搜尋照片

第二個方法就是使用網路搜尋，最具代表性的就是 Flicker 和 Google。在 Flicker 上可以很容易找到沒有著作權的照片，二〇一六年一月被稱為美國第二圖書館的紐約公立圖書館就免費提供了二十萬張照片，他們以「為了更美好未來的創意開始」為目的，表明這些照片不需要許可或代價，就可以隨心所意地運用在任何地方，像紐約公立圖書館那樣提供免費照片的圖書館越來越多，所以這些資料都可以在 Flicker 上找到。

Flicker 是有名的照片分享網站，在這裡可以找到免費的著作權照片和只要註明出處就可以使用的 CCL（Creative Commons License）照片，還可以搜尋到詳細資訊，如：是否接受修圖、是否有使用限制等照片。

在 Flicker 內還可以搜尋 Flicker Commons（www.flckr.com/commons），在這裡可以找到世界公開照片保管所內隱藏起來的寶物，Flicker 不只是搜尋用網站，像這些分享的照片對我們就有很大的幫助。

1.2. Google照片搜尋
3.4. Flicker Commons

1 假設跟朋友要去其它縣市搭火車旅行，用心智圖畫出旅行計畫。

2 假設接到以「介紹台灣歷史特色建築物」為主題的邀稿，整理出想要介紹的3個地點。

Part 5

出版受歡迎的書

拿到剛印好的書時，感覺好像進入了新的世界，
經過長久的努力，總算品嘗到果實的感動。
希望這本書可以成為某些人的維他命，
讓我們一起來學習，
要如何寫出一本可以讓自己有所收穫，
也可以幫助到讀者的書。

蔡知亨

從企畫到出版的流程

對於沒有出過書的人來說，出書這件事情就像到月球探險那樣遙不可及。不過，只要出過一本書之後，出書的過程就會刻印在腦中，雖然寫書要度過極為艱苦的時間。不需要因為沒出過書就感到害怕，不管什麼事情都會有第一次，不用感到迷惘。現在開始，我們從寫書企劃到跟出版社簽約等出書過程，都一一分析介紹，你就會瞭解這些並沒有想像中的那麼難。為了比較好理解，就假設出一本大家都喜歡的濟州島旅遊書吧。

三個關鍵：企劃案、目錄、內文範本

首先要做的事情就寫出企劃案。企劃案中要寫出這本書的內容概要，最好整理成一目了然的表格，在企劃案中最重要的是說明書的出版主題，以及和市場上其它同性質書籍的差異點。以濟州島旅行為主題時，就必須在企畫案中列出這本書有哪些與眾不同的賣點。

所以要先調查市面上已經出版的書籍，研究自己要出的書跟其他出版社的書，內容是否大同小異等。如果企劃案跟市面上已出版的書內容類似，那麼大多數出版社就會沒有出版的意願。在事前調查時，發現跟企劃方向相類似的書時，就要徹底地研究如何寫得跟那些書不一樣。因為一樣內容的書籍，讀者也不會有興趣購買。

決心要寫濟洲旅行相關的書，那為了跟其他書差別化，就必須把主題的範圍更加縮小。如果是要寫濟州美食的話，那就要先調查目前已經出版的濟州美食書，以及其它平面電子媒體相關的報導文章。避免跟那些內容重疊，還要加入自己的特色。在決定好用哪個方向來寫書之後，接下來就是目錄的部分了。因為已經把主題這個大方向定好了，所以現在就要把細節填進去。

跟濟州美食相關的主題，目錄可以規劃為西歸浦、濟州市和中山間等地區的特色美食來排列，也可以規劃是二十幾歲人喜歡的濟州美食、三十幾歲人會想吃的濟州美食等年齡別來劃分，當然還可以依照春、夏、秋、冬的季節別來推薦濟州美食。

目錄的基準除了時間和場所，還有許多不同的方法。目錄分類有沒有創意，對於書的成敗有很大的影響。目錄的分類跟揣測讀者的心思是一樣的。因此，可以把目錄的分類看成是這類書籍的讀者真正需求。目錄整理好的話，接下來就是一塊塊堆疊磚牆的階段了。為了可以好好的建好牆，就需要寫出內文範本。從目錄中挑選一個自己比較有信心的章節，並寫出完整的內容。例如，從生魚片或竹筴魚湯等濟州美食中，挑出一個自己最喜歡的食物來寫。

因為內文範本是之後取材和原稿作業的基準，所以經過無數次退稿之後，提高稿件的完成度是很重要的。有些出版社就是直接看內文範本來判斷這本書的風格。因此，一定要用具有特色的句子來好好寫。

吸引出版社的注意

「○○出版社靜候您貴重的稿件。現在您或許只是被埋在礦山的原石，我們將竭盡全力把您雕刻成寶石。」這是某家出版社的徵稿的文案，其實許多出版社都在徵求稿件，所以只要完成企劃案、目錄和內文範本，就可以準備跟出版社接洽，吸引他們的注意。

那要如何連絡呢？可以先去書店或圖書館找到自己喜歡的旅行書的出版社聯絡方式。一定可以找到電話號碼和電子郵件，至少要找到十間出版社的聯絡方式。聯絡出版社時表明自己想要出哪個領域的書，並請介紹負責那個領域的主編。跟編輯連絡上之後，就可以寄出企劃案、目錄和內文，並請編輯給予意見。電話主動聯絡也可以，不過如果覺得打電話太緊張，可以先用電子郵件來聯絡。

但是如果企劃寄出了，對方沒有回應也不需要太過傷心。因為即使是已經出版數十本書的作者，也常常被出版社打回票。更何況是對於打算出第一本書的菜鳥作家來說，要順利的吸引出版社注意是很難的。

這時候最需要的就是耐心，並且要有持續找到願意出版的出版社的決心。出版第一本書的時候，不要太執著於一定要找大出版社，因為一般出版社最重視的是出書經驗。所以只要有出版社表示感興趣，就要無條件盡全力地去洽談。

當出版社表示感興趣的時候，就開始進入可以出書的階段了。跟負責編輯見面後，說明自己為何想要出書，書中會有哪些內容等等。也聽取出版社的意見，彼此互相調整溝通，經過幾次的意見交換之後，如果覺得跟出版社意氣相投的話，那就可以簽約了。

出版進度時間表

跟出版社簽約之後，那就正式開始取材和寫作了。這時一定要做的就是製作出版時間表。除非你是擁有如鋼鐵般意志的人，那或許就不需要訂時間表。不過，大部份的人都會忍不住偷懶，所以只好用時間表來督促自己，否則將無法準時交稿。將截稿日標示出來，往回推算出每週要取材和要寫的稿件份量，在截稿日的前一週必須空出作為校稿時間。

如果時間表也完成的話，那接下來就要努力地寫作直到交稿為止，有時會為了取材而忙碌的東奔西跑，也會為了要寫出滿意的稿件，而一天二十四小時屁股都沒離開座位。剛開始寫稿時，會不知該如何開始，進度也會很緩慢。不過，當取材跟稿件都進行到某種程度之後，就會愈來愈上手，所以只要越過這個臨界點，堅持下去就可以完成。

如果在截稿日準時交稿的話，就算成功一半了，可以幫自己好好鼓勵一下。把稿件寄給出版社後，編輯會回信告訴你要修改哪些部分，或是哪些章節要再增加等。當稿件全部修改完成後，就會進入排版的作業，接下來會經過數次校對作業，這個過程不需要太擔心了，出版社都會有負責校對的編輯，當然編輯也會請作者協助再次校閱。

同時也可以跟編輯一起討論書名和行銷宣傳計畫。雖然在寫企劃案的時候，已經決定了書名，但是大多數一開始的書名到最後都不會被採用。書名必須考慮市場的趨勢、流行語、語順等，重新產生新的書名，而書名對於書的銷售影響並不小，所以決定書名也是很花工夫的。

書名也定好之後，封面也會開始設計，當封面和內文都修改完成後，出版社會將書籍檔案交給印刷廠打樣。打樣就是在印刷前最後一次確認這本書的內容，如果有任何失誤都還來得及修改，也可以透過打樣檢查照片印刷出來的效果，顏色或解析度有沒有問題。打樣完成後就只要等待印刷就可以了，印刷到裝訂完成一般需要五～七天，當手上拿到第一本自己嘔心瀝血寫的書後，心裡的激動和成就感是無法形容的。

寫出受歡迎的企劃案

出色的企劃案是寫出一本好書的基礎，出版社會根據企劃案內容來決定要不要出版這本書。對於菜鳥作家來說，寫出具有特色的企劃案是非常重要的。

從書名到市場分析、特色、行銷、預計銷售冊數等，要寫的內容真的非常多。不過，在企畫案中最重要的部分就是設定的閱讀族群和競爭優勢，這本書是以哪個閱讀族群為對象，跟其他旅行書比較後，把重點優勢明確地寫出來。

列出以哪個閱讀族群為對象是非常重要的，不要寫出是對旅行有興趣的人，或成年人等這種太過籠統的對象。要明確列出像三十幾歲單身女性，或是家裡有就讀國小小孩的父母、喜歡旅行的二十幾歲情侶等，當清楚明確對象後，才更容易寫出打動這些讀者的文字。

決定好這本書的主要閱讀族群之後，就可以在周圍朋友中尋找有可能成為讀者的人。以那個人為對象來寫作，這樣以特定對象來寫作，比較不會迷失寫作方向。解決了閱讀族群這個問題之後，就要透過市場

出版企劃案

2016年1月10日 企畫者 OOO

1.書名	『旅行作家手冊』(暫定)
2.作者	蔡知亨、朴東植、柳禎烈
3.企劃目的	為想成為旅行作家的人提供親切的指南書。這本書詳細介紹了成為旅行作家的方法，旅行作家的工作內容，如何出版旅遊書，旅行寫作跟一般寫作有何不同，照片要如何拍攝等內容，都在本書中全部說明。
4.目錄	(省略)
5.閱讀族群	(1) 喜愛旅行並想成為旅行作家的人。 (2) 20～40歲左右，攝影和寫作社群的會員。 (3) 攝影系和觀光系等相關的科系的大學生。
6.類似的書籍:	(1) 『為地球旅行者準備的旅行作家導遊書』 (2) 『要試試看當旅行作家嗎？』
7.優勢	上面第一本書是外國作者寫的，跟國內的情況有些不同。第二本書的閱讀族群是青少年。這次要出版的書是以成人為對象，所以會有水平更高的專業內容，並且對於旅行作家的工作以及攝影和寫作方面也有更完整說明。
8.預測銷售冊數	5千本
9.預計發行日	2016年
10.包裝方式	25開本
11.行銷方案	(1)跟作家面對面的簽書會或講座 (2)贈品活動 (3)旅遊部落格及其他相關社群宣傳
12.要跟出版社協商的事項	截稿日及預計出版日、圖片提供方式及修圖…等。

調查來研究，如何才能比競爭對手更有特色。當我們在心中決定要寫某種類型的書，去做市場調查後，就會發現原來跟自己想法類似的書不少。因此，在寫企劃案的時候，就需要先確定市面上已經有哪些類似的書籍。

即使已經有出版了類似的書籍，如果你有信心可以比既有的書做得更好，那就值得挑戰。例如，要企劃一本到日本享受美食的旅行書，雖然這類書籍已經很多，但如果作者是在日本生活好多年，並且知道日本人才會去吃的道地美食。而且作者在部落格分享許多相關資訊多年，也有幾十萬名的死忠粉絲，那相信出版社一定會有興趣出版的。

如果主題不夠特別，那也可以用「量」來當賣點。例如，要出版首爾美食餐廳的旅遊書，如果市面上既有的書最多介紹五十家左右，那這本新書就可以用介紹一百家以上的這個方法，來創造特色。

在寫企劃案的時候，最難的就是預估銷售冊數和行銷宣傳部份，在連書都不知道能不能出版的狀況下，真的很難預估銷售冊數，當然想賣好幾萬本，然後登上暢銷書排行榜，但是這並不是那麼容易。所以預計銷售冊數寫三～五千本左右，原本應該要以競爭對手的銷售數字為基礎來預估，但這些數字不易取得，所以就不需要太過苦惱。

跟預計銷售冊數不同，行銷計畫最好寫上具體且可進行的宣傳方式。「作者不是把書寫出來就結束了嗎？」或許會有人這樣問。但最近的趨勢是作家和出版社一起積極地進行行銷。租借場地舉辦簽書會或是講座都是行銷的方法之一。如果書裡有很多照片，還可以把那些照片收集起來，舉辦攝影展來提高大家對這本書的興趣。

可以列出與眾不同且有趣的行銷方案提供給出版社，雙方一起溝通討論，來達到最大的宣傳效果。出版書籍是為了跟更多人分享自己的想法，為了讓自己的書可以更加廣泛地傳播出去，所以需要集思廣益去行銷。

聰明地跟出版社簽約

跟出版社簽約出版的那一瞬間開始，出版社和作家就是以出版一本好書為相同目標的生命共同體，不過，在簽約之前有些事情要先協商。

這是出版社和作家開始拔河的過程。從作家的立場來看，想到在豔陽高照下流汗辛苦取材、預先投入的資金、絞盡腦汁寫出的稿件等，會提出「我應該收到這樣的報酬」的版稅。可是大多出版社都無法滿足作家所要求的版稅，作家和出版社所設想的版稅差距很大，所以要談好雙方都滿意的版稅並不容易。

但因為現在紙本書的銷售狀況不如以往，所以出版社的成本也很高，只要是意氣相投的出版社，就可以退讓一些協商出雙方都可以接受的版稅。尤其是出版第一本書的菜鳥作家，對於版稅更不能太過奢求。

版稅和賣斷的差異

某一天，一位預計要出版第一本書的學弟打給我詢問：「學長，賣斷是什麼？版稅又是什麼？版稅比賣斷的錢更少，對吧？」賣斷就是一次收到報酬，版稅就是分好幾次拿到報酬。更加詳細說明的話，賣斷就是一次性收到稿件的價值，版稅就是根據書價的一定比例及發行冊數或銷售冊數來收到回報的方式。

很難說賣斷和版稅哪一種方式更好，因為書可以賣到什麼程度，以及合約的具體內容不同，結果也會不同。但一般都是採用版稅的方式，但如果賣斷可以收到更多錢的話，那就比版稅更有利。

例如，A這本書在X出版社是以十％的版稅來簽約，而Y出版社建議用十萬元賣斷來簽約。比較可收到的報酬後，可能會覺得Y出版社給十萬是更好的條件。但其實並不一定如此，假設書很暢銷，又再版了二千本的話，跟X出版社簽約的話，就可以多收到六萬元，加上首刷的版稅，共可得到十五萬，這樣就比跟Y出版社簽約得到更多。

以版稅來簽約的話，書賣得越好對作家越有利。賣斷的話，不管書上市多暢銷，給作家的只有第一筆的賣斷費用。對所出版的書一開始不抱期待，結果沒想到出版後非常受歡迎而變成了知名作家，但因為賣斷的關係，收入並沒有變多的例子還不少。

版稅及買斷差異表

出版社	條件	定價	印量	報酬	再版2000本
X	版稅10%	300元	3000本	3000本x300元 x10%=90000元	2000本x300元 x10%=60000元
Y	買斷（10萬元）	300元	3000本	買斷10萬元	無

版稅是多少？

大部分出版社都是採用版稅方式來簽約，不過並不是所有合約的條件都相同。還有分書出版之前就先收到版稅及書出版之後才收到版稅兩種。一般來說，這兩種是混合使用的，一部分版稅在簽約的時候就會收到，等書出版後，再收到剩餘的版稅。

對於有出書經驗的作者來看，簽約版稅大約是十%。所謂的十%是指書價的比例，如果一本書定價是二百元，那賣出一本書，作者就可以收到二十元。如果賣了一百本，那就可以收到二千元，賣出一千本，那就會進帳二萬元。

不過，版稅並不是一概適用，會根據發行冊數或銷售冊數有所不同。例如，當銷售到一萬本的時候，版稅是八%、二萬本版稅是九%、二萬本以上版稅是十%，是用版稅慢慢遞增的方式。

對於沒有出過書的菜鳥作家來說，版稅大約是六～十%。即使是菜鳥作家，如果在其他領域已經嶄露頭角，或是預計出的書是其他人寫不出來的，版稅也可以提高到十%。如果書籍的製作費很高時，出版社也會降低版稅來減少成本支出。

雖然版稅很重要，但是對於第一次出書的新人而言，作家及出版社都是抱持著冒險嘗試的心態，所以即使版稅比較低，但可以跟出版社維持友好關係也是很重要的，當第一本書市場反應不錯的話，出版下一本書就可以用更好地條件來簽約。

支付版稅的時間

在簽合約的時候，也要確定支付版稅的時間。每間出版社都會有些不同，有些出版社是根據銷售量每個月或每季來支付。還有些出版社是根據發行冊數，在發行時就支付版稅，也有的出版社在初版發行時支付，但第二刷之後，就是根據銷售數據來支付。當然，也有出版社是在第二刷都賣完後，在印第三刷的時候，才會支付第二刷的版稅。

取材費及合約金

合約金並不是版稅之外的金額，而是包含在版稅裡面，所以也是預付稅金。如果是有名作家，甚至可以要求先支付更多的稅金。旅行書跟其他書不同，需要花很多取材費。所以在寫旅行書的時候，也有的人覺得出版社應該另外支付取材費，不過這種情況幾乎沒有。需要取材費的旅遊書，出版社會提高預先支付的版稅金額，以便作者作為取材費來使用。

贈送作者書籍的部分，也會從版稅中扣除。例如發行的冊數是三千本，可是出版後卻只收到二千九百本的版稅。問了之後才知道其中的一百本作為宣傳用，所以在版稅計算時，就會被扣除。而出版社給作家的贈書約二十本左右，而作家如果要購書則以定價的六五折左右購買。

多位作家合著時，版稅如何計算？

當好幾個人一起合寫一本書時，簽約方式也是用抽版稅或賣斷其中一項。比起跟一個作家簽約，跟五名以上的作家簽約更為複雜，所以不少情況都採用賣斷的方式。我曾經跟十一名作家一起參與『No Where』的出版，跟當時的出版社就是簽署賣斷的合約。十一名作家中，有人只寫一章，也有人寫其中三章，這時候就必須算出每章的稿費來公平地支付。

當然，也有超過十名以上的作家參與，但是卻採用版稅合約。每一年韓國旅行作家協會的作家都會共同出版一本書，就是採用版稅合約。大約有二十名左右的作家共同準備稿件和照片，然後根據目錄別配置後，出成一本書。作家雖然有很多人，但由一名代表來主導，出版社就跟代表的作家簽約，版稅就根據每個作家貢獻的部分，用 $1/n$ 的方式來精算。

共同作家的作業方式通常是二~三名作家一起參與共同執筆，常採用版稅方式簽約。不管是使用哪種方式簽約，比起作家的數量，最重要的還是書的內容，以及作家的知名度。

如何行銷自己的書

無論是誰都無法忘記，拿著自己出版的第一本書的感動。不過，這種激動的情緒也是暫時的。當你到網路書店去看銷售情況後，就會發現一個問題，為什麼那麼辛苦完成的書卻賣得不好，這比當初截稿時更讓人心急如焚。不只關係到版稅，而是為了跟更多人分享自己的旅行才寫的書，當然希望有更多人可以喜歡這本書，但往往事情並不如自己所願。

書上市後，就是另一個開始，因為要把書正式介紹給別人。書的行銷主要是由出版社行銷來負責，如果你還認為在實體書店上佔到有利的展示位置，或者在平面媒體上有露出就可以幫助銷售的話，那就錯了，因為現在大多是透網路媒體來宣傳和銷售。

透過臉書宣傳

對我出版的書最有興趣的一定是身邊的家人和朋友們，如果你有在經營臉書，就可以把新書消息上傳到臉書，不只是單純地把出書資訊傳達出去，同時辦個小活動的話，效果會更好。活動的內容要盡可能簡單，讓更多人可以輕鬆參與，主題愈有趣，參與度也會提高。

在出版『旅行的力量』這本書的時候，我在臉書上辦了「對我來說，旅行是什麼？」的問答活動，大家的反應就相當熱絡。二個小時之後，就有數百則留言。有關旅行，每個人都有自己有趣的想法，之後也可以再辦個跟旅行有關的講座。

二〇一四年出版『你好，旅行』的時候，我也在臉書上辦了活動，朋友們的支援成為了很大的力量。出書的消息跟朋友「分享」，就是一個宣傳的機會。這樣的活動，也能讓我的朋友把我出書的消息分享給他們的朋友。

舉辦攝影展

旅行書中通常都會有許多照片，如果照片數量足夠的話，那藉由新書的出版來舉辦攝影展，也是很有趣的經驗。世界旅行一周之後，出了本『地球工作狂』，也舉辦了同名的攝影展，雖然無法準確地計算出攝影展對書的銷售有多大的幫助，但是這是可以直接見到許多讀者朋友的機會，並與各家媒體工作者共同聚集在這個一周左右的攝影展。特別是因為書的尺寸無法展現出照片魅力時，在攝影展就可以把照片輸出放大來展示。在攝影展中可以讓大家體驗到書中無法傳達的感受也是件開心的事。

不只是照片，圖畫也是如此。出版『歐洲畫之行』的金炫吉作家在書出版時，舉辦了畫展，展示會中把書中出現的畫和旅行時使用的旅行用品一起展示出來，也有很好的反應。

舉辦簽書會或講座

舉辦簽書會不只是單純告知出書的消息，同時也進行演講或表演。可以用書中的內容來進行演講，邀請同行朋友或其它業界人士，進行交流座談，直接跟讀者面對面，讓讀者針對書裡內容提問回答。很多書店都有提供場地租借，在咖啡廳或圖書館等，都是不錯的場地選擇。

部落格分享

如果你有經營部落格的話，不只是出版書的消息，連寫書的過程也可以一起上傳到部落格上。在部落格上分享寫書的過程中，遇到哪些困難，又做了哪些事情，就可以提高大家對書的關心度。如果是定期地經營部落格，那在部落格上分享書的相關故事，也可以和讀者直接交流。

也能在部落格上請讀者寫下書評，再來抽獎贈書。或是透過年輕人經常使用的 Instagram 等軟體上傳照片或舉辦活動。

編輯最不想合作的作家類型

單靠作家一個人是無法出書的。必須透過編輯、美編和印刷業者等，許多人的共同努力才能完成。有些作家從開始寫書直到書出版，都跟出版社維持良好關係，也有些作家是與出版社合作一次之後，就再也不合作了。讓我們來聽聽看編輯和美編的真心話。

A編輯

每次快到截稿日就會很感到很害怕，「應該稿件都寫好了吧？」我的內心是一半相信一半擔憂。有些作家會突然自動斷了聯絡，看他的臉書或部落格卻持續有新的動態，心想應該稿子寫得還不錯，可是寫信給他，卻總是石沉大海，傳line給他也不回，這種不聯絡的行為比延遲交稿，更讓編輯傷心難過。

B編輯

我不喜歡只有熱情的作家，書的資訊就是生命（特別是旅遊書），如果旅行地的資訊錯誤的話，造成讀者的困擾要怎麼辦呢？因此，在寫書的時候，對於資訊的部分一定要再三確認。有些作家雖然幹勁十足，但稿件中總有許多錯誤資訊。如果只有一兩個地方寫錯就算了，可是如果持續收到這種錯誤百出的稿件，就會對作家失去信任感。

C編輯

有些作家會在工作時間之外聯絡，例如在晚上、周末或是連假。如果是很急的事情那情有可原，但如果是可以上班日再處理的事情，那還特意在休假日連絡，真的讓人很討厭，為何不能傳電子郵件就好呢？

D編輯

書通常要經過三、四次校閱，在第四次校閱時，應該是要修改的地方越來越少才對，但是有些作家很奇怪，反而是要修改的地方越來越多。也就是說「做第三次校對就像是第一次校對一樣」。雖然有些地方可能真的一開始沒注意到，可是剛開始不改，而要放在最後再來改，或是一直反反覆覆改相同東西，這樣的作家真的讓人很痛苦。

A美編

每本書一開始都會事先訂好尺寸、文字、照片、圖畫等，要適當地放進去排版。可是有些作家完全不考慮版面大小，一直要把所有內容都塞進去，即使我已經明確說明「沒辦法」，還是有非常固執的作家一直不放棄，真的太難溝通了。

B美編

製作書的時候，都有一定的順序和日程。可是有些作家會一直來催促，才交稿沒多久，就三不五時來問「書何時可以排版好？」並不是給了稿件書就馬上完成，後面的工作還一大堆，真的非常無言！

1 書名

2 作者

3 企劃目的

4 目錄

5 閱讀族群

6 類似的書籍

7 優勢

8 預計銷售冊數

9 預計發行日期

10 包裝樣式

11 行銷方案

12 要跟出版社協商的事項

橙實文化有限公司

CHENG -SHI Publishing Co., Ltd

33743 桃園市大園區領航北路四段 382-5 號 2 樓

讀者服務專線：(03) 381-1618

Orange Travel 系列    函

書系：Orange Travel 06

書名：致，想成為旅遊作家的你

讀者資料（讀者資料僅供出版社建檔及寄送書訊使用）

- 姓名：______________________
- 性別：☐男　☐女
- 出生：民國 ________ 年 ________ 月 ________ 日
- 學歷：☐大學以上　☐大學　☐專科　☐高中（職）☐國中　☐國小
- 電話：______________________
- 地址：______________________
- E-mail：______________________
- 您購買本書的方式：☐博客來　☐金石堂（含金石堂網路書店）☐誠品
  ☐其他 ______________________（請填寫書店名稱）
- 您對本書有哪些建議？______________________
- 您希望看到哪些部落客或名人出書？______________________
- 您希望看到哪些題材的書籍？______________________
- 為保障個資法，您的電子信箱是否願意收到橙實文化出版資訊及抽獎資訊？
  ☐願意　☐不願意

買書抽大獎

1. **活動日期：即日起至2018年1月12日**
2. **中獎公布：2018年1月15日於橙實文化 FB 粉絲團公告中獎名單，請中獎人主動私訊收件資料，若資料有誤則視同放棄。**
3. **抽獎資格：**

   STEP1 購買本書並填妥讀者回函（影印無效）寄回橙實文化，或拍照 MAIL 至橙實文化信箱。

   STEP2 於橙實文化 FB 粉絲團按讚，並參加這本書的粉絲團好禮活動（請留意粉絲團訊息公告）。
4. **注意事項：**中獎者必須自付運費，詳細抽獎注意事項公布於橙實文化 FB 粉絲團，橙實文化保留更動此次活動內容的權限。

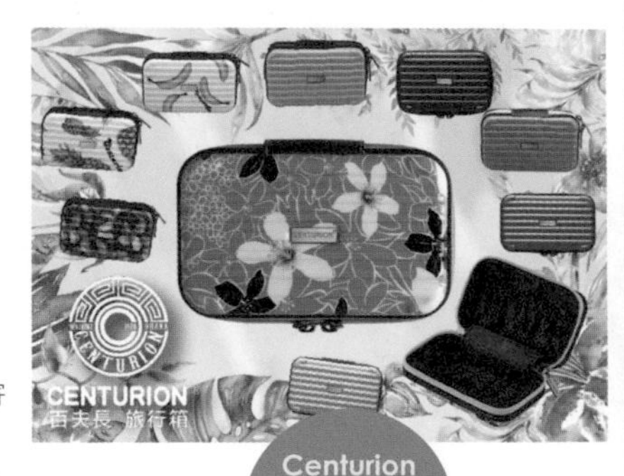

Centurion
百夫長
Jolie Kit
裘莉包

抽10名

（定價 NT 2,200元）

★款式隨機贈送。

橙實文化 FB 粉絲團 https://www.facebook.com/OrangeStylish/

Orange Travel 06

致，想成為旅遊作家的你

從企劃、寫作、攝影、採訪、出版，韓國知名旅遊作家傳授必修5堂課

作者：蔡知亨、朴東植、柳禎烈

出版發行
橙實文化有限公司 CHENG SHI Publishing Co., Ltd
粉絲團 https://www.facebook.com/OrangeStylish/

作　　者　蔡知亨、朴東植、柳禎烈
翻　　譯　劉小妮
總 編 輯　于筱芬　CAROL YU, Editor-in-Chief
副總編輯　吳瓊寧　JOY WU, Deputy Editor-in-Chief
行銷主任　陳佳惠　Iris Chen, Marketing Manager

美術編輯　亞樂設計
封面設計　亞樂設計
製版／印刷／裝訂　皇甫彩藝印刷股份有限公司

오늘부터 여행작가 : 여행하고 글쓰고 돈도 버는

編輯中心
桃園市大園區領航北路四段382-5號2F
2F., No.382-5, Sec. 4, Linghang N. Rd., Dayuan Dist., Taoyuan City 337, Taiwan (R.O.C.)
TEL／（886）3-3811-618 FAX／（886）3-3811-620
Mail：Orangestylish@gmail.com
粉絲團https://www.facebook.com/OrangeStylish/

全球總經銷
聯合發行股份有限公司
ADD／新北市新店區寶橋路235巷弄6弄6號2樓
TEL／（886）2-2917-8022　FAX／（886）2-2915-8614

出版日期 2017年12月

Orange Travel